家居装修
从入门到精通

施工实战指南

李江军 编

机械工业出版社
CHINA MACHINE PRESS

本书为《家居装修从入门到精通》套书中的"施工实战指南"篇，主要内容包括材料预算、材料选购、户型改造、施工工艺和监理验收五个部分。本书内容层次分明、图表结合、简洁实用，对家装施工过程中包含的预算规划、相关术语、条例定义、材料分类、材料选择、改造思路、验收方法、注意事项等做了明确清晰的专业介绍。本书通过图文并茂的方式降低阅读门槛，增加了阅读的趣味性和内容的直观性，是一本适合家装行业相关人士和相关专业爱好者的实用工具书。

图书在版编目（CIP）数据

家居装修从入门到精通.2，施工实战指南 / 李江军编.—北京：机械工业出版社，2021.3
ISBN 978-7-111-67720-8

Ⅰ.①家… Ⅱ.①李… Ⅲ.①住宅‐室内装修‐建筑设计 Ⅳ.①TU767

中国版本图书馆CIP数据核字（2021）第040627号

机械工业出版社（北京市百万庄大街22号 邮政编码100037）
策划编辑：赵 荣 责任编辑：赵 荣
责任校对：刘时光 封面设计：鞠 杨
责任印制：孙 炜
北京联兴盛业印刷股份有限公司印刷
2021年4月第1版第1次印刷
184mm×260mm・ 25.5印张・ 583千字
标准书号：ISBN 978-7-111-67720-8
定价：99.00元（含2册）

电话服务 网络服务
客服电话：010-88361066 机 工 官 网：www.cmpbook.com
010-88379833 机 工 官 博：weibo.com/cmp1952
010-68326294 金 书 网：www.golden-book.com
封底无防伪标均为盗版 机工教育服务网：www.cmpedu.com

1

装修预算

装修预算规划

一、装修预算的组成

装修预算是指家居装修工程所消耗的人工、材料以及其他相关费用。家居装修工程的预算主要是由直接费用和间接费用两大部分组成。

直接费用是家庭装修工程中直接消耗人工以及材料的费用，一般根据设计图样将全部工程量乘以该工程的各项单位价格得出费用数据。

设计费用
设计费用是指工程的测量费、方案设计费和施工图样设计费，一般是整个家居装修费用的3%~5%。

人工费用
工人的基本工资，即满足工人的日常生活和劳务支出的费用以及使用工具的机械消耗费等。这项费用一般占整个工程费用的15%~20%。

材料费用
材料费用包含主材费用和辅料费用两部分，主材费用是指在家居装修施工中按施工面积或单项工程涉及的成品和半成品的材料费，这项费用占整个工程费用的60%~70%。辅料费用是指家居装修施工中所消耗的难以明确计算的材料，如钉子、螺栓、胶水、老粉、水泥、黄砂、木料以及油漆刷子、砂纸、电线、小五金、门铃等。此外，这些辅料还包括一定的损耗费用，这项费用一般占到整个工程费用的10%~15%。

其他费用
此项费用的内容需根据具体情况而设定，包括但不限于夜间施工增加费、材料二次搬运费、生产工具使用费。

间接费用是某装修项目为组织协调设计施工而产生的间接费用，为组织人员和材料而付出的费用、利润、税金三部分。

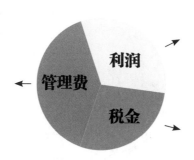

管理费是指为了更好地组织和管理施工过程及行为，所必须消耗的费用，包括装修公司的日常开销、经营成本、项目负责人员工资、工作人员工资、设计人员工资、辅助人员工资等。目前装修公司管理费用的收费标准一般是按不同装修公司的资质等级来设定，一般为直接费用的8%～10%

利润一般为直接费用的5%～8%

税金为直接费用、管理费用、计划利润总和的3.4%～3.8%

二、装修预算的比例分配

无论是请装修公司做预算还是自行做预算，都应该有一个合理的资金分配比例。一般多数家庭的装修从毛坯到入住的成本大概 1500 元 /m²；考虑到硬装是基础，如果低于 1500 元 /m²，投入到硬装的比例就要更多一点。

◎ 基础硬装

基础装修里的项目几乎全都是必需的项目，所以这里面的支出是完全不能少的；其中在水电、防水等基础隐蔽工程上更是不能节省。

基础硬装
50%~80%

20%~50%
软装 + 家电

◎ 软装 + 家电

在最大限度保证基础硬装的基础上，沙发、茶几、餐桌椅、床、热水器、灯具、电视机等容易更换的家具、家电可以在入住后期来慢慢升级更换。而像油烟机、空调这些安装比较麻烦的家电，则建议前期一次到位。

各个地区的需求各有不同，如果预算充足，可以额外支出增加一些改善型的设备，比如新风系统、净水软水系统等。

三、软装预算的比例分配

软装预算是指包括空间中的家具、灯具、布艺织物、软装饰品等各个方面的布置费用。就整体完成度来说，如果把大部分预算用于软装部分，在一定程度上既可以完成整个功能，又节省时间和开支。软装可以从零基础开始，但硬装可是扎扎实实地需要一个整体流程做下来，后期的软装也要跟得上才行。一般来说，家具占软装产品比重的 60%，窗帘、地毯等布艺类占 20%，其余的如装饰画和花艺、摆件以及小饰品等占20%。

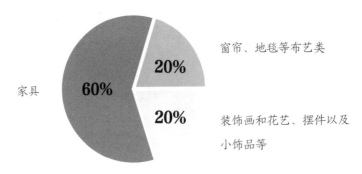

家具　　60%

20%　　窗帘、地毯等布艺类

20%　　装饰画和花艺、摆件以及
小饰品等

不过把大部分的预算都用于软装的说法也不完全正确。有的风格必须要硬装前期的配合才能够达到最佳效果，这些风格对顶面、墙面、地面都有细节上的要求，不是摆极简家具就可以达到理想的空间感。也有些风格对前期的硬装要求不是很高，但对家具饰品的质感要求要很到位，这样就不能仅仅是停留在模仿的阶段，而是要选择更多独特精致的家具来搭配。

△ 后期软装

四、装修预算的制订原则

工程预算是住宅装修合同的重要组成部分。编制预算就是以业主所提出的施工内容、制作要求和所选用的材料、部件等作为依据，来计算相关费用。由于缺乏统一的规范标准，各家装修公司编制工程预算的做法也各不相同。比如，编制预算的内容、表述的方式往往不同，特别是材料损耗的计算系数和报价口径各异。以地板为例，有的按地板成品面积报总价，有的按地板龙骨、地板、涂料、地板钉、油漆分别计价。

预算是装修合同履约的重要内容，涉及合同双方的利益，因此不得马虎。目前行业内比较规范的做法是要求以设计内容为依据，按工程的类别，逐项分别列编材料（含辅料）、人工、部件的名称、品牌、规格型号、等级、单价、数量（含损耗率）、金额等。人工费要明确工种、单价、工程量、金额等。这样既方便双方洽谈、核对费用，也可以加快个别项目调整的商谈确认速度。业主在确认预算前，应该做到心中有数。应该在事先对装修市场进行一定的了解，如果业主无暇细察，则可以选取主要的材料进行了解。

基础装修的工程种类如下：

工程项目	工程内容
地面工程	包括地面找平、铺砖及防水等
墙面工程	包括拆墙、砌墙、刮腻子、打磨、刷乳胶漆及电视墙基层等
顶面工程	主要是吊顶工程，包括木龙骨或轻钢龙骨、集成吊顶等
木作工程	主要包括门套基层、鞋柜及衣柜制作等
油漆工程	主要是现场木制作的油漆处理等

五、制订装修预算的基本程序

制订家居装修预算，首先要明确室内准确的尺寸，画出图样。因为报价都是依据图样中具体的尺寸、材料及工艺情况而制订的。将每个房间的居住和使用要求在图样上标定，并列出装修项目清单，再根据考察的市场价格进行估算，最后得出装修预算。

六、装修支出计划预算表

在与装饰公司签订合同后，就能确定所需材料的种类和金额，可以列出一个支出计划预算表，将项目、费用、付款时间和注意事项列出，以便更好地控制预算。

工程项目	预算费用 /元	支出时间	备注
设计费用		开工前	通常按照平方米计算，不同级别的设计公司从 500 元 /m² ~1200 元 /m² 不等
防盗门		开工前	最好在刚开工时就安装好防盗门，定做周期一般为一周左右
水泥、砂子、腻子等		开工前	开工后便可以拉到工地，可直接购买
龙骨、石膏板、水泥板等		开工前	开工后便可以拉到工地，可直接购买
白乳胶、原子灰、砂纸等		开工前	木工和油漆工都可能需要用到这些辅料
滚刷、毛刷、口罩等		开工前	开工后便可以拉到工地，可直接购买
装修工程首付款		材料入场后	材料入场后交给装修公司总工程款的 30%

工程项目	预算费用/元	支出时间	备注
热水器、小厨宝		水电改造前	其型号和安装位置会影响到水电改造方案和橱柜设计方案的实施
浴缸、淋浴房		水电改造前	其型号和安装位置会影响到水电改造方案的实施
中央水处理系统		水电改造前	其型号和安装位置会影响到水电改造方案和橱柜设计方案的实施
水槽、面盆		橱柜设计前	其型号和安装位置会影响到水路改造方案和橱柜设计方案的实施
油烟机、灶具		橱柜设计前	其型号和安装位置会影响到水电改造方案和橱柜设计方案的实施
排风扇、浴霸		电路改造前	其型号和安装位置会影响到水电改造方案的实施
橱柜、浴室柜		开工前	墙体改造完毕就需要商家上门测量，确定设计方案，其方案还可能影响水电改造方案的实施
散热器或地暖系统		开工前	墙体改造完毕后就需要商家上门改造供暖管道
相关水路改造		开工前	墙体改造完成需要工人开始工作，这之前要确定施工方案和确保所需材料到场
相关电路改造		开工前	墙体改造完成需要工人开始工作，这之前要确定施工方案和确保所需材料到场
室内门		开工前	可以直接购买成品
塑钢门窗		开工前	墙体改造完毕就需要商家上门测量
防水材料		泥工入场前	可直接购买成品，卫浴间先要做好防水工程
瓷砖、勾缝剂		泥工入场前	可以购买成品，如果需要预订应先预留好时间
石材		泥工入场前	墙面、地面、窗台等都可能用石材，一般需要提前三四天确定尺寸并进行预订
地漏		泥工入场前	泥工铺贴地砖时同时安装
装修工程中期款		泥工结束后	泥工结束，验收合格后交给装修公司总工程款的30%
吊顶材料		泥工开始	泥工铺贴完瓷砖三天后便可以安装吊顶，一般吊顶需要提前三四天确定尺寸并进行预订
乳胶漆		油漆工入场前	可以直接购买成品
衣帽间		木工入场前	通常在装修基本完工后安装，需要一至两周的制作周期

工程项目	预算费用/元	支出时间	备注
板材及钉子		木工入场前	可以直接购买成品
油漆		油漆工入场前	可以直接购买成品
地板		较脏的工程完成后	最好提前一周订货，以防挑选的花色缺货，铺装前两三天预约
墙纸		地板安装后	进口墙纸需要提前20天左右订货，铺贴前两三天预约
门锁、门吸、合页等		基本完工后	可以直接购买成品
玻璃胶及胶枪		开始安装工程前	在安装五金洁具时要打一些玻璃胶进行密封
水龙头、厨卫五金等		开始安装工程前	普通的款式不需要提前预订，如果有特殊要求，需要提前一周定制
镜子等		开始安装工程前	如果选择定做，需要四五天制作周期
马桶等		开始安装工程前	普通的款式不需要提前预订，如果有特殊要求，需要提前一周定制
灯具		开始安装工程前	普通的款式不需要提前预订，如果有特殊要求，需要提前一周定制
开关、面板等		开始安装工程前	可以直接购买成品
升降晾衣架		开始安装工程前	普通的款式不需要提前预订，如果有特殊要求，需要提前一周定制
装修工程后期款		完工后	工程完工，验收合格后交给装修公司总工程款的30%
地板蜡、石材蜡等		保洁前	选择质量过关的蜡让保洁人员使用
保洁清理		完工	需要提前两三天预约好
窗帘		完工前	完成保洁以后安装，通常窗帘需要一周左右的订货周期
装修工程尾款		保洁、清场后	最后的10%工程款可以在保洁后支付，也可以和装饰公司商量，作为保证金在一年后支付
家具		完工前	保洁以后联系商家送货
家电		完工前	保洁以后联系商家送货安装
软装饰品		完工前	装饰画、花艺以及各类摆件和挂件

七、避免装修预算超支的方法

◎ 设定预算范围

每个人都希望能够花最少的费用，装修出最好的效果来，这就需要对装修预算有一定的把控能力，提前设定好自己的预算范围，然后根据这个范围做大致的规划，哪个地方大概花费多少钱，尽量减少不必要的浪费，将自己想要设计的风格以及大致的预算告诉设计师，避免添加一些没必要的项目。

家具装修工程的资金投入有很大弹性，并且户型越大弹性越大，所给的费用仅能做参考。以一套使用面积在 100m² 左右的三室两厅为例，如果包括家具和后期装饰，整个家装工程的正常花费为十几万元，但却可以最低减到 5 万元以下，最多可突破 50 万元，实际花费差别巨大，所以装修前设定预算范围很有必要。

◎ 仔细看报价单

装修公司提供的报价表一般都比较复杂，这就往往导致很多业主嫌麻烦就不细看，只关注最后的总价，这样的做法是错误的。不同的装修公司所用的材料和方案不同，单纯地看总价不能对比出来哪家的报价好，有些公司可能会故意漏项来减小总价，从而吸引业主，但是后期施工的时候加上漏掉的项目，费用自然也就上来了。

因此看报价表的时候要看单价部分，对比一下木工、水电等比较费钱的项目，然后才能看出来各家公司的报价区别。

水电线路改造项目是很容易被忽略的隐形超支项目，水电改造在报价单上每项的单价可能不会让人感觉很高，有些业主就会没有目的性地把各种线路敷设到各个房间，所以结算时往往会超出预算。

◎ 留意计量单位

装修时如何控制预算，一定要留意计量单位，如果需要定制家具，不同的装修公司区别很大：有的公司用延米做单位，有的用平方米作单位。虽然一字之差但是差别是很大的，延米计算的家具对高度是有限制的，而平方米无论多高多宽只用平方米数乘以单价就能计算出总价了，因此要看清楚报价单中所使用的单位。

◎ 确保图样准确

想要知道装修时如何控制预算，那么就一定要确保图样准确无误，在审核预算前，应该先审核好图样。一套完整、详细、准确的图样是预算报价的基础，因为，报价都是依据图样中具体的面积、长度尺寸、使用的材料及工艺等情况而制订的，图样不准确，预算也肯定不准确。

◎ 注意漏项问题

控制预算必须注意漏项问题，要核对一下装修公司提供的项目是否齐全，有没有漏项缺项的行为，漏掉的项目在实际施工的时候也可以做，但是这部分费用就需要业主额外支付，从而会增加装修预算，因此在装修之前就要看清楚这部分。

八、装修预算的常见误区

◎ 避免太便宜的误区

装修预算一定不能以低价为唯一的导向，合理的装修利润是一定要存在的，如果没有留出利润空间给装修公司，那么就容易出现问题。选择预算太便宜的公司很可能会出现偷工减料或者不断追加预算的情况，有些公司还会停工来迫使业主追加资金。

科学的做法是将几家装修公司的报价做对比，如果出现一家公司低于其他公司 20%~30%，就需要谨慎考虑，如果相差 10% 左右，则需要详细了解差距在哪里，如果各方面并无太大差别，就可以选择报价低的这家公司。

◎ 避免贵就是好的误区

对于报价比较高的公司，需要弄清楚报价高的原因，如果是因为使用材料档次高或墙面、吊顶等设计造型较多，又或是设计师的能力等级高出很多，那么报价高是合理的。但如果类似的原因都没有，那么贵的报价也不一定就是好的。如果报价已经把自己要求的设计都包含在内，而别家却不包含该设计，那么报价高就是正常的。如果无缘无故地贵了很多，就是有问题的。

◎ 避免在总价上打折的误区

如果在经过比较之后，觉得某一家的价格很合理，但还要求对方按照工程总价来打折，这是一种不合理的杀价方式。因为现在的装饰行业利润是非常透明的，如果价格较合理还按照总价打折，就是在挤压装饰公司生存的成本，即使装饰公司接了单也会从别的地方扣出来，而且业主多数对比还察觉不到，最后损失的还是自身利益。因此建议仔细对照报价单，一项项来比较，获得合理的折扣。

装修预算术语

一、装修公司资质

装修公司资质是主管部门对施工队伍能力的一种认定。它从注册资本金、技术人员结构、工程业绩、施工能力、社会贡献五个方面对施工队伍进行审核，分别核定为 4 个级别，取得资质的企业，技术力量有保证。

二、装修合同甲方、乙方

甲方是指房屋的法定业主或是业主以书面形式指定的委托代理人；乙方基本上是指工程的施工方，即装修公司。

三、装修合同违约责任

装修工程的违约责任一般分为甲方违约责任和乙方违约责任两种。甲方违约责任比较常见的是拖延付款时间，乙方违约责任比较常见的是拖延工期。

四、设计变更

设计变更是指项目自初步设计批准之日起至通过竣工验收正式交付使用之日止，对已批准的初步设计文件、技术设计文件或施工图设计文件所进行的修改、完善、优化等活动。设计变更应以图样或设计变更通知单的形式发出。

 如果需要变更的装修项目已经施工了一部分，前期产生的费用应该由提出变更的一方来承担；项目发生变更往往会延长施工工期，应量力而行，能不改的则尽可能不要改。

17

五、工程过半

工程过半是指装修工程进行了一半。但是，由于很难将工程划分得非常准确，所以，在家居装修中通常用两种办法来定义：

1
一种是工期进行了一半，例如预算 60 天完成的工程，在工程项目没有增加的情况下，开工 30 天就可认为工期过半。

2
另一种是将工程项目中的木工活贴完饰面但还没有油漆（俗称木工收口）作为工程过半的标志。

六、工程分段验收

家居装修包括很多的工程项目，而且有些项目只能在另一些项目完工之后才能进行，所以，先完工的项目需要进行分阶段验收。

一般情况下，工程分阶段验收包括隐蔽工程验收、饰面工程验收和工程总验收。如果业主有充裕的时间，还可以将验收过程细化，如基础项目中的改门、隔断、水电线管的铺设、厨房与厕所的防水处理、地砖的铺设等，每一项都进行单独验收，从而有效地保证施工质量。

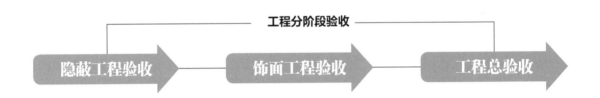

工程分阶段验收
隐蔽工程验收 → 饰面工程验收 → 工程总验收

七、全包方式

全包是指从设计到施工以及装修材料等都由装修公司提供。业主只要付钱，不用自己跑市场，也不用为货比三家选择材料而烦恼。

◎ 优点

业主比较轻松，自己什么都不需要管，只需要时不时地抽空去工地看看进度，所有的材料都会有装修公司去采购，以后发生装修问题，全由施工方负责。

◎ 缺点

装修公司购买的建材好不好，辅料有没有偷工减料等都是很重要的问题，所以选择这种方式的业主在挑选装修公司时一定要谨慎一些，最好还能找个专业的监理，当然这种方式做的装修花费也会是高于其他两种方式。

八、清包方式

清包即所有的装修材料都由业主自行购买，大到墙地砖、地板，小到一根钢钉、膨胀管都得自己购买，施工方只需派人施工。在清包过程中，施工方要提前通知业主需要购买什么材料，业主要保证及时供料，否则就会耽误工程。

◎ 优点

业主自己把控风格、工期，从设计、选材、购料、验收全部由自己来，整个装修中涉及的重要部分都是业主自己控制。因为选材都是自己购买，业主跟装修队伍只会产生人工费用，所以预算完全可以把控。

◎ 缺点

清包的方式比较累人，因为装修材料的品种实在太多了，而且每种材料都得货比三家。还有一个问题在于装修好之后，如果发生质量问题，容易出现推诿现象。业主认为是施工方的工艺问题，而施工方却认为是业主的材料问题。

九、半包方式

半包是一种用得比较多的方式，所谓半包就是有的材料是由施工方提供，有的材料是由自己提供，根据签订的合同而定，一般业主负责购买主材，如墙地砖、墙纸、定制门、橱柜、灯具等，装修公司就负责提供施工和购买辅料。

◎ 优点

比起清包，半包比较省心。让业主省了一些购买辅料的时间，而且施工方也不需等材料，半包让业主掌控了主材的质量，也省了不少钱。

◎ 缺点

这种方式也是需要业主有时间，只不过不需要像清包那样需要大量的时间，另外还有一点是需要业主自身对主材类型有一定的了解，不能完全不懂，否则去建材市场的话很有可能会被坑。在和装修公司签合同的时候，要在合同上说清楚哪些是由业主购买，哪些是装修公司提供的。

十、首期款

对半包工程来讲，装修的首期款一般为总费用的 30%~40%，但为了保险起见，首期款应该争取在第一批材料进场并验收合格后支付，否则，若发现材料有问题，业主就会变得很被动。

十一、中期款

中期款的付款标准是以木器制作结束，厨卫墙、地砖、吊顶结束，墙面找平结束，电路改造结束为准则。同时，中期款的支付最好在合同上有体现，只要合同写明，就可以完全按照合同的约定进行付款和施工。

十二、装修尾款

装修尾款就是在家装工程竣工的时候要交纳给装修公司的最后一笔款项。交纳完这笔款项后，装修公司对此项目的所有流程均已结束。

工程各项全部完工，业主或者监理验收合格，装修公司负责将现场清理干净后，业主就可以支付最后的尾款了，如果验收不合格，可要求装修公司进行整改，合格以后才能支付，如果出现超过工期的情况，要求装修公司承担延期交工的违约责任，如果和装修公司之间有异议，可以请相关监督部门进行协调，达成可以统一的结果后，结清尾款。

十三、装修保修期

装修保修期是指在正常使用条件下，装修工期的最低保修期限。在家装工程中，一般的装修保修期为两年，而有防水、防漏要求的地方则要求装修保修期为五年。

在装修工程验收合格以后，业主必须向装修公司索要装修质量保修单。保修单里通常能提出装修工程的竣工日期、验收日期、保修日期、保修记录以及一些严格装修问题的责任判定等内容。业主拿到保修单后，必须好好储存，以备所需。

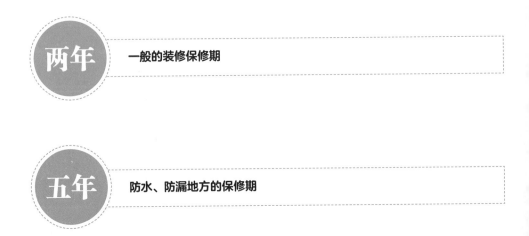

两年 一般的装修保修期

五年 防水、防漏地方的保修期

装修预算报价单解读 第三节

一、装修预算报价单内容

装修公司提供的报价单通常是分空间或者按照项目来计价的，例如按照客厅、卧室、餐厅、书房，或是按照拆除工程、水电工程、瓦工工程等方式来分类，还有可能是两者混合，最后归纳一个总价，大多数的主材、工费、辅料等不会单独留出，而是会按照工程来计价。有的公司的预算报价单甚至简单到只有项目名称、数量、单价与合价及总价。这样一来，最应该体现的部分没有得到表达，很容易造成材料以次充好或者简化工艺流程的问题，为业主日后埋下了安全隐患。

一份详细的报价单应该含有序号、工程项目名称、材料规格和工艺说明、单位、数量、单价、合价、总价、合计、主要材料及施工工艺、附注、签字等。

名称	内容
序号、项目名称	可以看出房屋有多少项目需要施工，结合图样可以看出哪里有增项和漏项
材料规格和工艺说明	写明主材料和辅料的品牌、型号及详细的施工工艺
单位	可以知道装修公司是以什么方式计价格，如是按面积算的，还是按项目数量算的。因为有些项目计价单位不同，价格上会有很大的差异
数量	是计算出总工程量的一个数据，可以是施工面积或者材料数量等，可根据此数据来判断装饰公司是否存在多算数量的情况
单价、合价、总价、合计	材料的单价与合价是装修工程中占费用最大的一个项目，其准确性直接影响到装修的总支出；人工单价是指工人的工资，可以反映工人的水准，总价的计算涉及施工数量
附注	对于一些其他具体约定的明确标示，特别是半包情况下，哪些是业主提供，哪些需装修公司购买，可以在这里标示出
签字	一般报价单的结尾需要设计师、业主签字确认

制订预算时首先要衡量自己的经济状况，预计在装修上投入一个什么样的费用范围，这样才能让设计师或装修公司按照投入和要求来合理地制订更详细的预算。当然，投入要合理，不能毫无节制，一套房子装修下来需要花多少钱，有多少项工程，每项造价多少钱，人工材料的价格，需自购哪些主材，从毛坯到硬装或软装结束需要的一切，要做到心中有数。

还有一些业主在采购建材时，心里价位会有渐渐上升的趋势，虽然每次都不会超支很多，但是加起来可就不少了。预算少，就不要用"只多花一点点"来迷惑自己，一个单项超几百元，几十个单项加起来便能让人吐血。另外，许多零碎的费用可真不是个小数，而往往这些费用是容易被忽略的。

二、装修预算报价单模板

◇ 顶面基础工程项目报价单模板

序号	工程项目名称	材料规格和工艺说明	单位	数量	主材单价/元	合计/元	辅材单价/元	合计/元	人工单价/元	合计/元	主材＋辅料人工总价/元
1	顶面石膏板吊顶	9mm(圣戈班)石膏板、轻钢龙骨、膨胀螺栓三件套	m²	1.00	78.0	78.0	10.0	10.0	60.0	60.0	148.0
2	窗帘盒	9mm(圣戈班)石膏板、声达E1级细木工板	m	1.00	48.0	48.0	8.0	8.0	40.0	40.0	96.0
3	灯槽	9mm(圣戈班)石膏板、声达E1级细木工板	m	1.00	48.0	48.0	8.0	8.0	50.0	50.0	106.0
4	顶面涂料基层	美巢成品腻子粉、美巢墙固	m²	1.00	18.0	18.0	2.0	2.0	18.0	18.0	38.0
5	顶面乳胶漆	多乐士精装五合一(一底二面)	m²	1.00	13.0	13.0	2.0	2.0	15.0	15.0	30.0
6	铝扣板吊顶	武峰铝扣板	m²	1.00	180.0	180.0	0	0	0	0	180.0
7	现浇楼板	水泥(海螺牌42.5级)、黄砂石子、钢筋、模板	m²	1.00	480.0	480.0	30.0	30.0	120.0	120.0	630.0

◇ 墙面基础工程项目报价单模板

序号	工程项目名称	材料规格和工艺说明	单位	数量	主材单价/元	合计/元	辅料单价/元	合计/元	人工单价/元	合计/元	主材+辅料人工总价/元
1	墙面墙砖	墙砖甲供，玻化砖胶粘剂	m²	1.00	0.0	0.0	30.0	30.0	60.0	60.0	90.0
2	玻化砖背胶	晨光牌背胶，背面刷一遍	m²	1.00	0.0	0.0	30.0	30.0	60.0	60.0	90.0
3	墙面木饰面基层	声达 E1 级多层十二厘板	m²	1.00	75.0	75.0	10.0	10.0	55.0	55.0	140.0
4	老墙面铲除	人工铲除，铲到红砖	m²	1.00	0.0	0.0	1.0	1.0	15.0	15.0	16.0
5	老墙面铲除	人工铲除，铲到粉刷水泥底	m²	1.00	0.0	0.0	0.5	0.5	10.0	10.0	10.5
6	老墙面胶水封底	中南 801 无甲醛胶水	m²	1.00	5.0	5.0	0.5	0.5	3.0	3.0	8.5
7	墙面涂料基层	美巢成品腻子粉，美巢墙固	m²	1.00	18.0	18.0	2.0	2.0	12.0	12.0	32.0
8	墙面乳胶漆	多乐士精装五合一（一底二面）	m²	1.00	13.0	13.0	2.0	2.0	13.0	13.0	28.0
9	墙面网格布	熊猫白胶，1m 网格布	m²	1.00	18.0	18.0	2.0	2.0	12.0	12.0	32.0
10	门套基层	声达 E1 级细木工板	项	1.00	120.0	120.0	10.0	10.0	90.0	90.0	220.0
11	窗台大理石	天然大理石（天然 A 级板）	m²	1.00	180.0	180.0	13.0	13.0	45.0	45.0	238.0
12	窗台大理石磨双边	天然大理石（天然 A 级板）	m²	1.00	30.0	30.0	8.0	8.0	20.0	20.0	58.0
13	楼梯大理石	天然大理石（天然 A 级板）	m²	1.00	380.0	380.0	30.0	30.0	80.0	80.0	490.0
14	墙砖 45°切角	小蜜蜂切割片、磨光片	m²	1.00	0.0	0.0	3.0	3.0	12.0	12.0	15.0
15	砖墙拆除	24 墙每平方米外加 30，人工拆除（不含承重墙）	m²	1.00	0.0	0.0	15.0	15.0	85.0	85.0	100.0
16	砖包管道	九五砖、水泥（海螺牌 42.5 级）、黄砂	项	1.00	120.0	120.0	20.0	20.0	150.0	150.0	290.0
17	隔墙	12mm（圣戈班）石膏板、轻钢龙骨	m²	1.00	85.0	85.0	10.0	10.0	55.0	55.0	150.0
18	隔声棉	樱花牌环保隔声棉	m²	1.00	10.5	10.5	0.5	0.5	12.0	12.0	23.0
19	新砌砖墙（12 墙）	九五多孔砖（海螺牌 42.5 级）	m²	1.00	55.0	55.0	15.0	15.0	45.0	45.0	115.0
20	新砌砖墙（24 墙）	九五多孔砖（海螺牌 42.5 级）	m²	1.00	110.0	110.0	20.0	20.0	90.0	90.0	220.0

序号	工程项目名称	材料规格和工艺说明	单位	数量	主材单价/元	合计/元	辅料单价/元	合计/元	人工单价/元	合计/元	主材＋辅料人工总价/元
21	新砌砖墙	10cm 气块砖、胶粘剂	m²	1.00	65.0	65.0	15.0	15.0	40.0	40.0	120.0
22	新砌砖墙	10cm 气块砖、胶粘剂	m²	1.00	95.0	95.0	15.0	15.0	50.0	50.0	160.0
23	新砌砖墙	20cm 气块砖、胶粘剂	m²	1.00	130.0	130.0	15.0	15.0	65.0	65.0	210.0
24	墙面粉刷	黄砂（海螺牌42.5级）	m²	1.00	20.0	20.0	8.0	8.0	25.0	25.0	53.0

◇ 地面基础工程项目报价单模板

序号	工程项目名称	材料规格和工艺说明	单位	数量	主材单价/元	合计/元	辅料单价/元	合计/元	人工单价/元	合计/元	主材＋辅料人工总价/元
1	地面水泥砂浆垫层	1：3水泥（海螺牌42.5级）砂浆2~3cm厚	m²	1.00	32.0	32.0	5.0	5.0	15.0	15.0	52.0
2	地面地板	15mm实木多层复合地板（富士林）	m²	1.00	138.0	138.0	2.0	2.0	15.0	15.0	155.0
3	防水处理	汉高百得防水涂料(2遍)（卫生间地面柔性防水，墙面上翻30cm防水，如做地暖，地面防水面积翻倍）	m²	1.00	35.0	35.0	0.0	0.0	5.0	5.0	40.0
4	地面地砖	地砖甲供，水泥（海螺牌42.5级）	m²	1.00	0.0	0.0	30.0	30.0	60.0	60.0	90.0
5	地面门槛石	天然大理石（天然A级板）	m²	1.00	150.0	150.0	15.0	15.0	30.0	30.0	195.0
6	淋浴房挡水	天然大理石（天然A级板）	m²	1.00	185.0	185.0	15.0	15.0	25.0	25.0	225.0
7	卫生间墙面现浇防水梁	水泥（海螺牌42.5级），黄砂石子，钢筋，模板	m	1.00	240.0	240.0	30.0	30.0	90.0	90.0	360.0

◇ 水电隐蔽工程项目报价单模板

序号	工程项目项目名称	材料规格和工艺说明	单位	数量	主材单价/元	合计/元	辅料单价/元	合计/元	人工单价/元	合计/元	主材+辅料人工总价/元
1	PPR 管敷设	进口皮尔萨6分（壁厚4.2）全热水管、水管配件、水管固定	m	1.00	38.0	38.0	0.0	0.0	0.0	0.0	38.0
2	热水管做保温处理	华美牌保温套管	m	1.00	7.0	7.0	0.0	0.0	0.0	0.0	7.0
3	管内穿1.5m² 电线	熊猫单芯线（数量按实结算）	m	1.00	2.0	2.0	0.5	0.5	3.0	3.0	5.5
4	管内穿2.5m² 电线	熊猫单芯线（数量按实结算）	m	1.00	2.8	2.8	0.5	0.5	3.0	3.0	6.3
5	管内穿4m² 电线	熊猫单芯线（数量按实结算）	m	1.00	5.2	5.2	0.5	0.5	3.0	3.0	8.7
6	管内穿10m² 电线	熊猫单芯线（数量按实结算）	m	1.00	16.5	16.5	0.5	0.5	3.0	3.0	20
7	网络线	安普起6类网络线（数量按实结算）	m	1.00	3.6	3.6	0.5	0.5	3.0	3.0	7.1
8	电视线	熊猫电视线（数量按实结算）	m	1.00	0.8	0.8	0.5	0.5	3.0	3.0	4.3
9	电话线	熊猫4芯电话线（数量按实结算）	m	1.00	1.2	1.2	0.5	0.5	3.0	3.0	4.7
10	音响线	客户自购	m	1.00	0.0	0.0	0.5	0.5	3.0	3.0	3.5
11	86 型暗盒	中财线盒、固定、砂浆恢复	只	1.00	2.0	2.0	0.5	0.5	2.0	2.0	4.5
12	八角盒及配套软管盖板螺栓等	中财	套	1.00	4.5	4.5	0.5	0.5	2.0	2.0	7.0
13	墙地面走PVC 电线管	东方美居专用线管（6分中型管）	m	1.00	2.5	2.5	0.5	0.5	2.0	2.0	5.0
14	砖墙开槽	切割片、水泥（海螺牌42.5级）修粉	m	1.00	0.0	0.0	1.0	1.0	10.0	10.0	11.0
15	混凝土开槽	切割片、水泥（海螺牌42.5级）修粉	m	1.00	0.0	0.0	1.0	1.0	18.0	18.0	19.0

序号	工程项目名称	材料规格和工艺说明	单位	数量	主材单价/元	合计/元	辅料单价/元	合计/元	人工单价/元	合计/元	主材＋辅料人工总价/元
16	110PVC下水管安装	PVC管及配件（中财）	m	1.00	30.0	30.0	15.0	15.0	18.0	18.0	63.0
17	75PVC下水管安装	PVC管及配件（中财）	m	1.00	20.0	20.0	12.0	12.0	16.0	16.0	48.0
18	50PVC下水管安装	PVC管及配件（中财）	m	1.00	15.0	15.0	12.0	12.0	15.0	15.0	42.0
19	40PVC下水管安装	PVC管及配件（中财）	m	1.00	10.0	10.0	8.0	8.0	12.0	12.0	30.0
20	墙面等离子电视配套项目	墙面开槽，预留PVC管（75管）	项	1.00	0.0	0.0	30.0	30.0	30.0	30.0	60.0
21	配电箱回路整理		套	1.00	0.0	0.0	0.0	0.0	150.0	150.0	150.0
22	配电箱移位		套	1.00	0.0	0.0	0.0	0.0	280.0	280.0	280.0

◇ 安装工程项目报价单模板

序号	工程项目名称	材料规格和工艺说明	单位	数量	主材单价/元	合计/元	辅料单价/元	合计/元	人工单价/元	合计/元	主材＋辅料人工总价/元
1	灯具安装	客户自购（不含水晶吊灯）按房型收费公寓800元、复式房2000元、别墅4000元	项	1.00	0.0	0.0	0.0	0.0	2000.0	2000.0	2000.0
2	卫生间卫浴五金件安装	客户自购	间	1.00	0.0	0.0	15.0	15.0	260.0	260.0	275.0
3	卫生间防水镜安装	客户自购	面	1.00	0.0	0.0	5.0	5.0	60.0	60.0	65.0
4	煤气管安装	6分管（恒通牌煤气管）	套	1.00	0.0	0.0	0.0	0.0	280.0	280.0	280.0
5	地漏安装	客户自购	个	1.00	0.0	0.0	0.0	0.0	15.0	15.0	15.0
6	三角阀安装	客户自购	只	1.00	0.0	0.0	0.0	0.0	5.0	5.0	5.0

序号	工程项目名称	材料规格和工艺说明	单位	数量	主材单价/元	合计/元	辅料单价/元	合计/元	人工单价/元	合计/元	主材+辅料人工总价/元
7	机器开孔	按实结算	只	1.00	35.0	35.0	0.0	0.0	0.0	0.0	35.0
8	波纹管安装	客户自购	根	1.00	0.0	0.0	0.0	0.0	10.0	10.0	10.0
9	洗衣机龙头安装	客户自购	套	1.00	0.0	0.0	2.0	2.0	10.0	10.0	12.0
10	污水斗龙头安装	客户自购	套	1.00	0.0	0.0	2.0	2.0	10.0	10.0	12.0
11	污水斗安装	不含配件	只	1.00	0.0	0.0	5.0	5.0	35.0	35.0	40.0
12	浴缸、冲淋龙头安装	客户自购	套	1.00	0.0	0.0	4.0	4.0	80.0	80.0	84.0
13	卫生间砌浴缸垛	红砖、水泥（海螺牌42.5级）、黄砂、包括砂浆粉刷	项	1.00	180.0	180.0	15.0	15.0	150.0	150.0	345.0
14	卫生间浴缸安装	不含配件	套	1.00	0.0	0.0	0.0	0.0	120.0	120.0	120.0
15	台盆龙头安装	客户自购	套	1.00	0.0	0.0	0.0	0.0	30.0	30.0	30.0
16	台盆安装	不含配件	套	1.00	0.0	0.0	5.0	5.0	50.0	50.0	55.0
17	卫生间马桶原位安装	客户自购	套	1.00	0.0	0.0	10.0	10.0	80.0	80.0	90.0
18	排风口风罩安装	接排气管	只	1.00	0.0	0.0	0.0	0.0	60.0	60.0	60.0
19	安装脱排	客户自购	只	1.00	0.0	0.0	10.0	10.0	50.0	50.0	60.0
20	安装浴霸	客户自购	只	1.00	0.0	0.0	10.0	10.0	80.0	80.0	90.0
21	水槽龙头安装	客户自购	套	1.00	0.0	0.0	0.0	0.0	30.0	30.0	30.0
22	厨房水槽安装	客户自购	只	1.00	0.0	0.0	10.0	10.0	50.0	50.0	60.0

三、装修预算报价单审核

装修预算报价的内容应该详细，用词准确规范，不能缺项、漏项，不能言语模糊，要有工程概况的介绍，装修报价部分主要反映装修项目的价格、材料和工艺。要对整个工程的全部项目做详细说明，不能有遗漏。最后是其他说明，用来对装修报价中不详尽的部分加以补充说明。

△ 前期硬装

审核步骤	审核内容
单价比较	通过参考预算表立面的人工价格和材料进行每个项目的材料和人工价格的比较。对于不明白的项目可以问清楚，对于预算表里有而装修公司没报的项目一定要问清楚，对装修公司有而预算表里没有的项目也要问清楚，免得装修公司以后逐渐加价，超过预算
去掉重复项目	对于有些项目重复的地方审核清楚，比如找平，有的公司可能会为厨房找平算一项，然后后面再单独加一项找平，为避免重复收费，尽量要审核清楚
了解工程量	比如防水处理，要弄清楚是哪些面积要做开封槽，40m 要弄清楚是哪里的 40m，并确认数量是否正确
分清主材与辅料	对于材料一定要主材和辅料分开报，并且每个材料的单价、品牌、规格、等级、用量都要求装修公司进行说明并分开报价
注明施工工艺	相同的项目施工工艺和难度不同，人工费用也不同，需要装修公司对具体项目进行注明，比如贴不同规格的瓷砖所需的人工费是不同的
注意计量单位	报价单中的计量单位会直接影响到最终的报价。比如做电视柜，有的公司用米，有的是用平方米计算的。往往按平方米计算的家具不论多高多宽，都按平方米数乘以单价去计算，而用米计算的家具是有高度限制的
问清综合单价	对于笼统报价的项目要问清楚里面包括哪些内容
分清商家与装修公司的安装项目	有些产品是厂家包安装和运送上楼的，其费用要从装修公司的人工费用和运送费用里面扣除，如吊顶、水管、橱柜、地板、门窗、墙纸等

装修常用预算表 第四节

一、房屋基本情况记录表

房屋类型	◇公寓　◇复式公寓　◇别墅　◇Townhouse	
层数	第＿＿层　共＿＿层　　　　　　居住状况　◇精装修　◇毛坯房　◇二次装修	
庭院	◇有　◇无　　　　地下室　◇有　◇无　　　　车库　◇有　◇无	
周围环境	◇市区　◇郊区　◇紧邻　◇远离（主要街道、机场、地铁、铁路）	
使用面积	户型＿＿室＿＿厅＿＿厨＿＿卫	
面积与层高	房间编号＿＿层高＿＿（m）面积＿＿（m²）	房间编号＿＿层高＿＿（m）面积＿＿（m²）
	房间编号＿＿层高＿＿（m）面积＿＿（m²）	房间编号＿＿层高＿＿（m）面积＿＿（m²）
	房间编号＿＿层高＿＿（m）面积＿＿（m²）	房间编号＿＿层高＿＿（m）面积＿＿（m²）
	阳台＿＿层高＿＿（m）面积＿＿（m²）	车库＿＿层高＿＿（m）面积＿＿（m²）
	地下室＿＿层高＿＿（m）面积＿＿（m²）	庭院＿＿层高＿＿（m）面积＿＿（m²）
卫浴间	共有＿＿个卫浴间　分别在第＿＿层	
装修流程	墙面	
	地面	
	顶面	
	上下水管	
	散热器管道	
	供热系统	
	空调系统	
	电路	
	电视电缆	
	网线	
	电话线	
	智能系统	◇有　　◇无
	门禁系统	◇有　　◇无
	楼梯	◇粗胚　◇已经做好
	房间门	◇已装　◇未装
	窗户	◇已装　◇未装

二、装修款核算记录表

工程总造价	元	装修时间范围
首付款比率 30%	元	
二期款比率 30%	元	
三期款比率 30%	元	
尾款比率 10%	元	

三、装修款核算表

主材费用及明细	辅料费用及明细	其他费用	税金	总计

2

材料选购

第一节 门窗五金

一、实木门

实木门的原料是天然树种，因此色彩和种类很多，在选择颜色时，宜与居室相和谐。当室内的主色调为浅色系时，可挑选如白橡、桦木、混油等冷色系木门；当室内主色调为深色系时，可选择如柚木、沙比利、胡桃木等暖色系的木门。木门色彩的选择还应注意与家具、地面的色调要相近，与墙面的色彩产生反差有利于营造出有空间层次感的氛围。

在选购实木门时，首先需要看它的含水率。通常实木门的含水率在12%以下，有些实木门的脱水效果处理出色，含水率可达8%。含水率较低的实木门更不容易出现变形与开裂，拥有更长的使用寿命。

其次可以闻它的气味，通常实木门会散发出淡淡的木香；此外还需要闻一下木门的接缝处是否有刺激性的气味，判断木门的环保性能是否出色。

实木门是采用同一种木材或者一整块木材加工而成，因此在重量上通常比其他材质的木门更重。在选购实木门时，可根据其重量判断质量，通常重量较轻的实木门内部填充物不是实木或者填充分量不够。

如果是实木门，表面的花纹会非常不规则，如果门表面的花纹光滑整齐漂亮，往往不是真正的实木门。

△ 实木门的木纹纹理清晰，有很强的整体感和立体感

二、实木复合门

实木复合门从内部结构上可分为实木结构和平板结构两大类。

◎ 实木结构

实木结构的复合门线条立体感强、造型突出、厚重而彰显文化品质，属于传统工艺生产，做工精良，结构稳定，但造价偏高，适合欧式、新古典、新中式、乡村、地中海等多种经过时间沉淀后的经典家居风格。

◎ 平板结构

平板门外形简洁、现代感强、材质选择范围广，色彩丰富、可塑性强，易清洁，价格适宜，但视觉冲击力偏弱。适合现代简约、前卫等自由、现代的风格，可为空间增加活力。平板门也可以通过镂铣塑造多变的古典式样，但线条的立体感较差，缺乏厚重感，但造价相对适中。

△ 实木复合门的外观为连体弦切木皮，纹理清晰自然，有较强的美感

在选购实木复合门时，要注意查看门扇内的填充物是否饱满。观看实木复合门边刨修的木条与内框连接是否牢固，装饰面板与门框应粘结牢固，无翘边和裂缝。实木门板面应平整、洁净、无节疤、无虫眼，无裂纹及腐斑，木纹应清晰，纹理应美观。

三、模压门

模压门是采用模压门面板制作的带有凹凸造型的或有木纹或无木纹的一种木质室内门，采用的是木材纤维，经高温高压一次模压成型。一般的模压木门在交货时都带中性的白色底漆，可以回家后在白色中性底漆上根据个人喜好再上色，满足个性化的需求。

选购模压门应注意，贴面板与框体应连接牢固，无翘边、无裂缝。内框横、竖龙骨排列符合设计要求，安装合页处应有横向龙骨。

△ 模压门是采用模压门面板制作的带有凹凸造型的或有木纹或无木纹的一种木质室内门

四、推拉门

1. 看型材断面

市场上推拉门的型材分为铝镁合金和再生铝两种。高品质推拉门的型材用铝、锶、铜、镁、锰等合金制成，坚韧程度上有很大的优势，而且厚度均能达到 1mm 以上，而品质较低的型材为再生铝，坚韧度和使用年限就降低了。铝镁合金的型材大多使用原色，不加涂层，而有的商家为了以次充好，往往采用再生铝型材表面涂色的方式，因此业主在选购时，应让商家展示产品型材的断面以了解真实材质。

2. 听滑轮振动

推拉门分别有上、下两组滑轮。上滑轮起导向作用，因其装在上部轨道内，业主选购时往往不重视。好的上滑轮结构相对复杂，不但内有轴承，而且还有铝块将两轮固定，使其定向平稳滑动，几乎没有噪声。业主在挑选时不要误认为推拉门在滑动时越滑越轻越好，实际上高品质的推拉门在滑动时应带有一定自重，顺滑而没有震动。

3. 挑地轨高度

地轨设计的合理性直接影响产品的使用舒适度和使用年限，业主选购时应选择脚感好，且利于清洁卫生的款式，同时，为了家中老人和小孩的安全，地轨高度以不超过 5mm 为好。

4. 选安全玻璃

除了壁柜门不能用透明玻璃以外，玻璃要占据其他推拉门的大部分，玻璃的好坏直接决定门的价钱高低。最好选钢化玻璃，碎了不伤人，安全系数高。玻璃外表应通透明亮。

△ 推拉门款式多样，能起到空间限制和分隔的作用

5. 查样品资料

市场上推拉门的来源分为三种：国产、国内贴牌和国外进口。国产推拉门的五金、型材等原材料都是在国内生产、组装，价位一般在 450 元 /m² 左右；而国内贴牌是指从国外购买某品牌商标的使用权，但产品的五金、型材多为国内生产、组装，价位一般在 450~1000 元 /m²；国外进口的品牌，五金、型材均为原装进口，品质相对较高，价位一般在 1000~3500 元 /m²。业主可根据自身的需求进行选择，在选购进口品牌时，应近距离观察样品的断面和小样，同时查询原产厂家的包装、网站等资料。

6. 挑封边牢度

市场上流行的胶条有 PVC 橡胶和硅胶，硅胶效果更好，不会腐蚀型材、玻璃和芯板。另外 PVC 封边带封边牢固，表面平整，色彩逼真，不掉色，不会脱落变形。

五、百叶窗

百叶窗的安装方式有暗装和明装两种，选购时要注意根据不同的装配方式来量取百叶窗的大小。暗装的百叶窗，它的长度应与窗户高度相同，宽度却要比窗户左右各缩小 1~2cm。若百叶窗明装在窗户外面，那么它的长度应比窗户高度长 10cm 左右，宽度比窗户两边各宽约 5cm 以保证其具有良好的遮光效果。一般来说，厨房和厕所等适合暗装的百叶窗帘，而客厅和卧室以及书房等大房间则较适合使用明装的百叶窗帘。

百叶窗的叶片是调节百叶窗的重要部分，所以叶片的质量不可忽视。在选购百叶窗时最好先触摸一下百叶窗叶片是否平滑平均，还要看看每一个叶片是否会起毛边。一般来说质量优良的百叶窗在叶片细节方面的处理较好，特别是塑料和木块以及竹片制作的百叶窗叶片，若质感较好，它的使用寿命也是会比较长的。

调节杆也是需要重点考察的部分。百叶窗的调节杆有调节百叶窗的升降和调节叶片角度的作用。在检查调节杆质量的时候，要先将百叶窗挂平试拉，看升降开关是否顺滑，同时滚动调节杆看叶片的翻转是否也同样灵活自如。

△ 彩铝百叶窗

△ 塑铝百叶窗

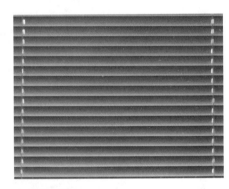
△ 塑料百叶窗

△ 百叶窗帘可以通过旁边的拉绳放下或者收起，让窗户显得比较简约大方

△ 木制百叶窗

六、门锁

1）选择锁具时，首先要注意选择与自家门开启方向一致的锁，这样可使开关门更方便。

2）要注意门框的宽窄，一般情况下，球形锁和执手锁不能安在小于 90mm 的门上，门周边骨架宽度在 90mm 以上 100mm 以下的应选择普通球形锁 60mm 锁舌；100mm 以上的，可选用大挡盖即 70mm 锁舌的锁具。

3）锁具的材质质量从高到低依次有铜、不锈钢、锌合金、铝、铁等，铜锁是最好的，铁质锁不建议购买，因为表面电镀层脱落了就会生锈，使用寿命不长。

4）门的厚度与锁具是否匹配也是一个重要选项。

△ 门锁配件

　　与耐磨度相关联的是门锁的材质。在材质的选择上可采用"看""掂""听"来掌握。

　　看其外观颜色，纯铜制成的锁具一般都经过抛光和磨砂处理，与镀铜相比，色泽要暗，但很自然。掂其分量，纯铜锁具手感较重，而不锈钢锁具明显较轻。听其开启的声音，镀铜锁具开启声音比较沉闷，不锈钢锁的声音很清脆。

七、门吸

门吸是安装在门后面，在门打开以后，通过门吸的磁性稳定住门，防止风吹门会自动关闭，同时也防止在开门时用力过大而损坏墙体。常用的门吸又称"墙吸"。目前市场还流行一种门吸，被称为"地吸"，其平时与地面处在同一个平面，打扫起来很方便；当关门的时候，门上的部分带有磁铁，会把地吸上的铁片吸起来，及时阻止门撞到墙上。

门吸分为永磁门吸和电磁门吸两种，永磁门吸一般用在普通门中，只能手动控制；电磁门吸用在防火门等电控门窗设备，兼有手动控制和自动控制功能。

首先门吸最好选择不锈钢材质，具有坚固耐用、不易变形的特点。质量不好的门吸容易断裂，购买时可以使劲掰一下，如果会发生形变，就不要购买。其次选购门吸产品时，应尽量购买造型敦实、工艺精细、减振韧性较高的门吸片。此外，选择门吸应考虑适用度。比如计划安在墙上，就要考虑门吸上方有无散热器、储物柜等有一定厚度的物品，若有则应装在地上。

△ 不锈钢材质门吸

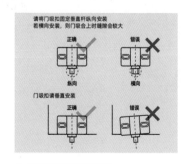

△ 门吸扣固定杆的方向

八、门把手

门把手作为家装中的装饰、点缀，一定要和门板的样式和家庭装修风格进行整体搭配。欧式风格的家装中，一般选购花纹较为复杂的白色弯曲门把手，中式家装中则一般用水平式古铜色复古门把手，现代装修风格则多使用亮色的门把，也有业主选择推拉型门把手。

在常见的门把手中，主要有水平门把手、圆头锁门把手、推拉型门把手和磁吸门把手四类。

△ 门把手应和门板的样式和家庭装修风格进行整体搭配

类型		选购重点
水平门把手		具有锁舌，并在开启的时候会发出声音，一般使用下压的方式开启门锁，有些门把手用上抬的方式还可以锁门，但这种设计容易造成误锁，所以现在这样的设计也不常用。水平门把手的价格适中，也比较适合大部分家庭使用
圆头锁门把手		一般使用旋转的方式开启门锁，价格便宜，市面上的价格在100元以内，适用于很多家庭。但是这种门锁造型简单，不太适合当成大门的门把手
推拉型门把手		突破了传统下压式的开门方式，通过前后推拉的方式来开门，这种门把手都配有内嵌式铰链，可以使得门板外边平整、美观。但价格比较昂贵
磁吸门把手		没有锁舌，在开启的时候能够做到安静无声，而且也配有嵌入式的铰链，可以保证门板外表面平整。目前市场上的磁吸门把手大多是进口品牌，因此价格也相对高一些

 选购时要查看门把手的面层色泽及保护膜有无破损和划痕。可以试着摸摸看，看表面处理是否光滑，拉起来顺不顺手，好的门把手边缘应该做过平滑处理，不存在毛茬扎手、割手的情况。辨别劣质拉手可以从响声中辨别，用一硬器轻轻敲打把手管，足厚管的拉手响声应该是较为清脆的，而薄管就比较沉闷。还需要注意的是，选择门把手，最好选择螺栓孔周围面积大一些的把手。因为把手螺栓孔周围的面积越小，打在板上的孔就要求越精确，否则，稍有偏差，会导致把手孔外露。

九、拉手

拉手主要是为了方便开关柜门，在款式方面有比较多的选择，它的设计要根据家具的款式、功能和家居的整体风格来搭配。市面上以直线形的简约风格、粗犷的欧洲风格的铝材拉手较为常见，有的拉手还做成卡通动物模样。目前拉手的材料有锌合金拉手、铜拉手、铁拉手、铝拉手、原木拉手、陶瓷拉手、塑胶拉手、晶拉手、不锈钢拉手、亚克力拉手、大理石拉手等。拉手有用螺钉和胶粘两种固定方式，一般用螺钉固定的结实，胶粘的不实用。

拉手需与整体的家居装修风格相搭配。因此选购的时候，需要选择相对应风格的拉手。铜质拉手质地坚硬，风格复古，适合搭配欧式风格的家具；陶瓷拉手体现出中式风格的韵味，适合搭配中式风格或田园风格的家具；经过工艺处理的不锈钢拉手，其耐腐蚀、耐划伤性能非常好，适合搭配现代风格的家具。

△ 选购前最好先确定好需要的拉手长度大小，然后按照拉手的孔距尺寸和总长尺寸选择拉手

△ 不锈钢拉手

△ 铜质拉手

△ 陶瓷拉手

类型	选购重点
玄关柜拉手	玄关柜的拉手可以强调它的装饰性，一般来说，对称式的装饰门上安装两个豪华精致的拉手
电视柜拉手	电视机柜的拉手可以考虑选择与电器或电视柜台面石材色泽相近，如黑色、灰色、深绿色、亚金色的外露式拉手
橱柜门拉手	橱柜门拉手的使用是比较频繁的，一日最少要使用三次。因为厨房中油烟大，所以拉手的设计不能过于复杂，应选择像铝合金这类耐用、抗腐蚀材质的拉手
卫浴柜拉手	卫浴间的柜门不多，适宜挑选微型单头圆球式的陶瓷或有机玻璃拉手，其色泽或材质应与柜体相近
儿童房柜门拉手	儿童房中柜门拉手设计更注重的是安全方面，安全系数要求高。可以选择无拉手设计、内嵌式拉手设计等，没有凸出的棱角防止小朋友撞伤

 　　一般来说，如果柜门大小在 60~100cm，可以选择 128mm 孔的拉手；如果柜门大于 100cm，那建议选择 160mm 孔的拉手；如果柜门小于 60cm，则建议选择单孔或者 64mm 孔距的拉手。

十、铰链

　　铰链种类很多，如普通不带缓冲的铰链、滑入式铰链、快装阻尼缓冲铰链、反弹铰链、特殊角度铰链、大角度铰链（135°、165°～175°）、切角铰链、内嵌铰链、十字铰链、天地铰链、蝴蝶铰链、免打孔铰链、美式铰链、短臂铰链等。一般来说，家居装修尽量安装带阻尼效果的铰链，以免猛开猛关的碰撞声并且防夹手。

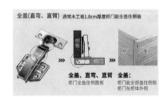

△ 全盖铰链

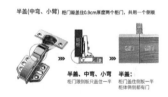

△ 半盖

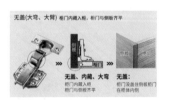

△ 无盖

选择铰链的时候要辨别品牌，优质的五金配件在出厂前会对产品进行性能破坏测试，承重测试，开关测试等。优质的门铰链手感比较厚实，表面光滑，设计上基本可以达到静音的效果，而劣质门铰链一般使用薄铁皮等廉价金属制成，柜门拉伸生涩，甚至有刺耳的声音。此外，可以凭手感来选择铰链，好的铰链使用手感不同，质量过硬的门铰链开启时力道比较柔和，回弹力非常均匀，在选择的时候可以多开关柜门，体验手感。最后，选购时要注意铰链的复位性能，可以用手将铰链两边用力按压，支撑弹簧片不变形、不折断，十分坚固的为质量合格的产品。

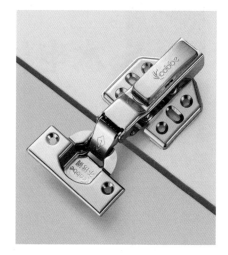

△ 不锈钢铰链

十一、滑轨

滑轨又称导轨、滑道，是指固定在家具的柜体上，供家具的抽屉或柜板出入活动的五金连接部件。滑轨抽屉在现代家具中是必不可少的组成部分，而在整个抽屉的设计中，小小的滑轨对整个抽屉的质量可有着举足轻重的影响，那些大大小小的抽屉能否自由顺滑地推拉、承重如何，全靠滑轨的支撑。

整体连接的滑轨是抽屉承重的优选，而三点连接的则稍稍逊色。同时，也需要注意滑轨的用材，劣质的材料对滑轨的质量有着致命的影响。因此，选购时多用手感觉不同材质的滑轨，选择手感好，硬度较高，分量重的滑轨。

在购买的时候不仅要注意滑轨的长度是否合适，而且要考虑自家对抽屉的要求，如果抽屉要放非常重的东西，则要非常注意滑轨的承重量。选购时可以询问一下该滑轨在承重的情况下大致能承受的推拉次数。

好的抽屉滑轨拉出时会感觉到阻力小。当滑轨拉到尽头时，抽屉并不会脱落或者翻倒。也可以拉出抽屉，用手在抽屉上面按一下，看看抽屉是否出现松动，是否有哐哐作响的声音。同时，滑轨在抽屉拉出过程中的阻力、回弹力出现在哪，是否顺滑，也都需要多推拉几次，观察以后才能判定。

△ 滑轨适用于橱柜、书柜、浴室柜等木制与钢制等家具的抽屉连接

水电材料

一、PP-R 水管

　　PP-R 管作为一种新型的环保材料，凭借耐腐蚀、耐热、无毒无害、输送阻力小等优势，成功替代传统的镀锌管、铜管、不锈钢管等产品，成为了最为常用的家装水管管材。

△ PP-R 水管

	优质管材	劣质管材
外观	不仅管身和内壁都十分光滑，且色泽明亮有油质感	由于材料中掺杂了低质的塑料甚至石灰粉等材料，导致其色泽极不自然，切口断面更是干涩无油质，就像内部加入了粉笔灰一般
柔韧性	历经捶、砸、掰或脚踩等一系列的考验后，由于其韧性非常好，并不会发生断裂	因韧性较差，常常一弯即折，一砸即断
硬度	硬度相当不错，一般人若仅靠手捏是无法使其变形的	用手就可以捏变形
环保性	经火燃烧后，不会有熏人的黑烟出现，更不会有异味和残留	燃烧后会有熏人的黑烟出现

二、PVC 排水管

PVC 排水管是以卫生级聚氯乙烯（PVC）树脂为主要原料，加入适量的稳定剂、润滑剂、填充剂、增色剂等，经塑料挤出机挤出成型和注塑机注塑成型，通过冷却、固化、定型、检验、包装等工序而完成的，它壁面光滑，阻力小，密度低。

PVC 排水管的型号用公称外径表示，家庭常用的 PVC 管道公称外径分别为 110mm、125mm、160mm、200mm 等。PVC 排水管的配件种类比 PP-R 给水管的多，包括管卡、四通、存水弯、管口封闭和直落水接头等。

PVC 排水管材的连接方式主要有密封胶圈、粘接和法兰连接三种。PVC 排水管直径大于等于 100mm 的管道，一般采用胶圈接口；直径小于 100mm 的管道，一般采用粘接接头，有的也采用活接头。

△ PVC 排水管

△ PVC 排水管三通

△ PVC 排水管弯头

步骤	选购方法
看外观	常见的白色 PVC 排水管，颜色为乳白色且均匀，内外壁均比较光滑但又有点韧的感觉为好，而比较次的 PVC 排水管颜色要么是雪白的，要么有些发黄，且较硬，有的颜色不均，有的外壁特别光滑，而内壁显得粗糙，有时有针刺或小孔
检查韧性	将管材锯成窄条后，试着折 180°，如果一折就断，说明韧性很差，脆性大 如果很难折断，说明有韧性。而且在折时越需要费力才能折断的管材，强度很好，韧性一般不错。最后可观察断荐，荐口越细腻，说明管材均化性、强度和韧性越好
检测抗冲击性	可选择室温接近 20℃ 的环境，将锯成 200mm 长的管段（直径 110mm 管），用铁锤猛击，好的管材，用人力很难一次击破
选择正规品牌、厂家	业主选择 PVC 排水管时，应到有信誉的商家选择大型的知名企业的产品，或到知名品牌的直销点购买

三、铝塑复合管

铝塑复合管又称为铝塑管，共有五层，内外层均为聚乙烯，中间层为铝薄层，在这两种材料中间还各有一层胶粘剂，五层紧密结合成一体。铝塑复合管保温性能良好，不易腐蚀，并且内壁光滑对流体阻力小，又可以随意弯曲方便安装施工。

铝塑复合管的常用规格有 1216 型与 1418 型两种，其中 1216 型管材的内径为 12mm，外径为 16mm，1418 型管材的内径为 14mm，外径为 18mm。长度有 50m、100m、200m 多种，成卷包装，根据需要裁切出售。1216 型铝塑复合管的价格为 3 元 /m，1418 管铝塑复合管的价格为 4 元 /m。

在选材之前一定要先看好用途。如果只用来输送冷水，那就可以使用非交联铝塑复合管。如果用于供应排放热水，那就一定要选用内外层交联的铝塑复合管。

从外观上看，优质铝塑复合管的表面光滑，并且管上的信息（规格、适用温度、商标、生产编号等）很全面，也很清晰。假冒伪劣产品上的信息不是不全，就是模糊不清的。

在铝塑复合管中，铝层位于中间，但是也不容忽视，选购时一定要仔细观察一下铝层。为了保证使用效果，在铝层的搭接处，优质的铝塑复合管会有焊接，而劣质的铝塑复合管没有焊接。

此外，可以用小刀割开最外层，观察外面的塑料层是否与紧挨着的铝层联结紧密。优质的铝塑复合管这两层粘合紧密，很难分开；反之如果这两层是分离的，那就表示其是劣质产品。

四、铜塑复合管

铜塑复合管又称为铜塑管，是一种将铜水管与 PP-R 采用热熔挤制、胶合而成的给水管。铜塑复合管的内层为无缝纯铜管、外层为 PP-R，保留了 PP-R 供水管的优点。在家装中，铜塑复合管适用于各种冷、热水管，由于价格较高，还没全面取代传统的 PP-R 供水管。

选购铜塑复合管时应观察管材、管件外观，所有管材、管件的颜色应该基本一致，内外表面应光滑、平整、无凹凸、无起泡和其他影响性能的表面缺陷，不应含有可见杂质。测量管材、管件的外径与壁厚，对照管材表面印刷的参数，看是否一致，尤其要注意管材的壁厚是否均匀，这会直接影响管材的抗压性能。可以用手指伸进管内，优质管材的管口应当光滑，没有任何纹路，裁切管口无毛边。可以用鼻子对着管口闻一下，优质产品不应有任何气味。观察配套接头配件，铜塑复合的接头配件应当为固定配套产品，且为优质纯铜，每个接头配件均有塑料袋密封包装。如果怀疑管材的质量标识，可以先买一根让工人试装，热熔时看会不会出现掉渣现象或产生刺激性气味，如果没有，则说明质量不错。

五、电线

　　电线分类多样，按用途不同可以分为多种类型。而家用电线相较于工程等其他用途电线，其对电线的功能要求相对较低。

△ 家用电线

类型	性能特点	用途	规格
单股线	结构简单，色彩丰富，需要组建电路，施工成本低，价格低廉	照明、动力电路连接	长100m，2.5m² 200~250元/卷
护套线	结构简单，色彩丰富，使用方便，价格较高	照明、动力电路连接	长100m，2.5m² 450~500元/卷
电话线	截面较小，质地单薄，功能强大，传输快捷，价格适中	电话、视频信号连接	长100m，4芯 150~200元/卷
电视线	结构复杂，具有屏蔽性能，信号传输无干扰，质量优异，价格较高	电视信号连接	长100m，120编 350~400元/卷
音箱线	结构复杂，具有屏蔽功能，信号传输无干扰，质量优异，价格昂贵	音箱信号连接	长100m，200芯 500~800元/卷
网路线	结构复杂，单根截面较小，质地单薄，传输速度较快，价格较高	网络信号连接	长100m，6类线 300~400元/卷

　　质量好的电线不仅实用，而且能有效减少生活烦恼。而质量差的电线则很可能造成危害，轻则停电断电，重则引发火灾。因此，装修时对电线的选择丝毫不容马虎。

步骤	选购方法
看包装	盘型整齐、包装良好、合格证上项目（商标、厂名、厂址、电话、规格、截面、检验员等）齐全并印字清晰的电线一般是大厂家生产的电线，大厂家生产的大多会遵守国家相关标准，因此质量可靠
用火烧	打开包装简单看一下里面的线芯，比较相同标称的不同品牌的电线的线芯，如果两种线明显有一种皮太厚，则说明皮厚的牌子的电线不可靠。用力扯一下线皮，不容易扯破的一般是国标的
看内芯	内芯（铜质）的材质，越光亮越软铜质越好。国标要求内芯一定要用纯铜
看线上印字	国家规定电线上一定要印有相关标识，如产品型号、单位名称等，标识最大间隔不超过50cm，印字清晰、间隔匀称的应该为大厂家生产的国标线

六、穿线管

电线不能直接敷设在墙内，必须用电线保护管加以保护，此外也方便维修。根据性能、使用场合的不同，家装中常用到的穿线管有以下几种。

类型		特点	选购方法
PVC 穿线管		具有优异的电气绝缘性能，施工方便、不会生锈，在家装电路改造中使用较为普遍	首先检查管子外壁是否有生产厂标记和阻燃标记；其次可用火点燃管子，然后将之撤离火源，看 30 秒内是否自熄；还可试将管子弯曲 90°，弯曲后看外观是否光滑；最后，可用榔头敲击至管子变形，无裂缝的为冲击测试合格
金属穿线管		常见的金属管为镀锌钢管，耐热耐压防火。金属线管、镀锌线管只适用于高层建筑，虽然成本较高，但不易弯曲变形	选购要注意管子不应有折扁和裂缝，管内应无毛刺，钢管外径及壁厚应符合相关的国家标准，若钢管绞丝时出现烂牙或钢管出现脆断现象，表明钢管质量不符合要求

七、接线暗盒

接线暗盒是采用 PVC 或金属制作的电路接线盒。在家装中，各种电线的布设都采取暗铺装的方式施工，即各种电线埋入顶、墙、地面或构造中，从外部看不到电线的形态与布局。接线暗盒一般都需要进行预埋安装，成为必备的电路辅助材料。接线暗盒主要起到连接电路，各种电器线路的过渡，保护线路安全的作用。

常见的暗盒型号有 86 型、120 型，86 型暗盒尺寸约 80mm×80mm，面板尺寸约 86mm×86mm，是使用的最多的一种接线暗盒。120 型接线暗盒分 120/60 型和 120/120 型。120/60 型暗盒尺寸约 114mm×54mm，面板尺寸约 120mm×60mm。120/120 型暗盒尺寸约 114mm×114mm，面板尺寸约 120mm×120mm。

步骤	选购方法
选择材料	暗盒应采用防冲击、耐高温、阻燃性好、抗腐蚀的绝缘材料。选择时可以采用燃烧、摔踩等方式进行测试
尺寸精确	包括螺钉间距、标准大小的 6 分管、4 分管接孔等尺寸应精确。尺寸不够精确的暗盒，可能造成开关插座安装不牢固或暗盒内部漏浆
高质量的螺钉口	好的暗盒螺钉口为螺纹铜芯外包绝缘材料，能保证多次使用不滑口。部分暗盒的一侧螺钉口还设计为有一定上下活动空间，即使开关插座安装上略有倾斜，也能顺利地固定在暗盒上
较大的内部空间	暗盒内部空间大，能减少电线缠结，利于散热

八、开关插座

开关插座不仅是一种家居功能用品，更是安全用电的主要零部件，其产品质量、性能材质对于预防火灾、降低损耗都有至关重要的决定性作用。

常见的开关有单控开关、双控开关、延时开关、红外线感应开关、声控开关等。选购时根据各居室空间的灯光、电器控制、用电方式、使用功能等，选择适合的开关插座，如在楼道的灯光控制可以选择声控开关，让人比较方便；卫生间的排气扇可以选择延时开关，能够在关闭开关时，继续排放污气几分钟。

开关插座的面壳和内部使用的材质，一般具有绝缘性，防止漏电的危险。常见的开关插座面板材质有 ABS 材料、PC 塑料等，流体材质有黄铜、锡磷青铜、红铜等。在选择时，应当挑选有防火阻燃功能的材质。PC 塑料有着比较好的耐热性、阻燃性以及高抗冲性；ABS 材料价格较便宜、阻燃性和染色性也很好，不过韧性差，抗冲击能力弱，使用寿命短。

△ 开关插座

步骤	选购方法
选择材料	通过外观判断开关面板材料的好坏。好的材料表面光洁度好，有品质感；如果使用了劣质材料，或加入了杂料，面板颜色会偏白，有瑕疵点
开关插拔次数	目前关于开关插拔次数的国家标准是 5000 个来回，一些优质产品已经可以达到 1 万次。另外，在选购时还可以拿着插头插一下插座，看插拔是否偏紧或偏松
铜片处理工艺	普通铜片很容易生锈，镀镍工艺是在铜片上镀了一层镍，能有效防止铜片生锈，安全系数非常高且使用寿命长。好铜片的硬度、强度是非常好的，在选购的时候可以尝试弯折铜片
是否设置儿童保护门	是指用一块金属片插入插座的一个插孔，保护门不会开启，处于自锁状态，可以有效防止儿童触电事故的发生
孔间距	孔间距就是两孔跟三孔之间的间距，较大的间距可以避免插座打架现象，减少插座的安装。有些开关的间距可能只有 18mm，甚至 17mm，两个插头同时插入就可能会碰撞，无法同时使用。一般，孔间距要达到 20mm，才能满足两个大尺寸插头同时插入

顶面材料

一、龙骨

龙骨是用于制作吊顶的主材料，可分为木龙骨和轻钢龙骨。木龙骨方便做造型，但注意木材一定要经过良好的脱水处理，保持干燥的状态，其中白松木就是比较合适做木龙骨的材料。轻钢龙骨一般是用镀锌钢板冷弯或冲压而成，是木龙骨的升级产品。

木龙骨的市场价格大约是 1.75 元/m，而轻钢龙骨的市场价格在 3.55 元/m 左右。木龙骨由于其质地较软，所以在加工过程中，可被制成多种不同的造型，而且还能够与其他木制品相互搭配使用，加工工艺简便一些；而轻钢龙骨则因为制作其的原料过于坚硬，所以在进行造型加工的时候，比木龙骨有着更为严格的加工工艺标准，不仅增大了其加工难度，而且还提高了对施工人员的技术要求。

选用轻钢龙骨时应严格根据设计要求和国家标准，选用木材做龙骨时注意含水率不超标，龙骨的规格型号应严格筛选，不宜过小。其次，除了应选用大厂家生产的质量较好的石膏板之外，使用较厚的板材也是预防接缝开裂的一个有效手段。

△ 木龙骨

△ 轻钢龙骨

二、铝扣板

铝扣板是以铝合金制成，防潮、防火是其最大的特点。传统的铝扣板是一块光面，随着现代制作工艺的不断发展，目前市面上的铝扣板已经可以将丝面、丝光、镜面等多种不同的光泽，以不同的颜色和图案来呈现，让其看上去更加光彩亮眼。

由于防水防潮性能优越，铝扣板常被应用于厨房和卫生间的顶面装饰。在安装厨卫空间顶面的铝扣板前，要先固定好油烟机的软管烟道以及确定好浴霸、排风扇的位置再进行安装。

选择铝扣板时，要看其表面是否平整光滑，同时厚度要适中，并不是越厚质量就越好，可通过肉眼和手感判断铝扣板的厚度。除了看板面是否光滑以及确认厚度外，还要看铝扣板的弹性和韧性。可选取一块样板，用手将其折弯。质量好的铝材不容易被折弯，而且被折弯之后，往往会在一定程度上出现反弹的情况。如能轻易折弯，而且折弯后无反弹或者出现断裂的情况，则说明该铝扣板品质较低。

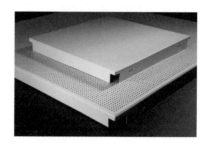

△ 铝扣板

△ 铝扣板具有防水性能优越的特点，因此常被应用于厨房和卫生间的顶面装饰

三、硅酸钙板

硅酸钙板是以无机矿物纤维为增强材料，以硅质以及钙质材料为胶结材料，经高温高压工艺制作而成的板材。作为新型绿色环保建材，除具有传统石膏板的功能外，还有防火、防潮、隔声、防虫蛀以及耐久性好等优点，因此是现代室内顶面设计的理想装饰板材。硅酸钙板的好坏和密度是分不开的，可按低密度、中密度、高密度进行划分，密度越高的硅酸钙板，其品质层次也越好。

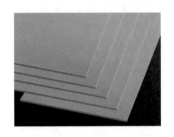

△ 平面硅酸钙板

硅酸钙板在施工时会有钉眼，因此表面需要上漆或用其他饰面材质作美化处理。硅酸钙板的厚度通常有 6mm、8mm、10mm、12mm 这几个尺寸，一般以厚度 6mm 的产品最为常用，具体可以根据实际需要进行选择。

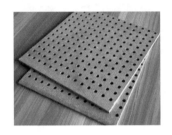

△ 穿孔硅酸钙板

四、石膏板

石膏板是以建筑石膏为主要原料，加入纤维、胶粘剂、改性剂，经混炼压制而成的一种室内装修材料，具有重量轻、强度高、厚度薄、加工方便以及隔声绝热和防火性能好等优点，是现代家居吊顶设计中最常使用到的材料之一。

石膏板一般可分为纸面石膏板、防水石膏板、穿孔石膏板、浮雕石膏板等。通常平面石膏板适用于各种风格的家居；而石膏浮雕板则适用于欧式风格的家居。在顶面设计一些有弧度的造型，基本都是靠石膏板来完成的，然后在石膏板造型的表面图上乳胶漆。此外，石膏板吸水性好，容易受潮发霉，因此在卫生间、厨房等较为潮湿的空间，宜采用具有防水功能的石膏板材料，再搭配防水乳胶漆，可避免油烟以及水汽的侵蚀，而且清洁起来也更加方便。

△ 纸面石膏板

△ 防水石膏板

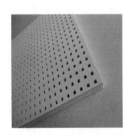
△ 穿孔石膏板

△ 浮雕石膏板

步骤	选购方法
看标志	质量有保证的石膏板的包装箱上，会清晰地印有产品的名称、质量等级、生产日期等标志及字体
检查裂纹	纸面石膏板上下两层的皮纸要结实，且要没有裂纹。如果石膏板的纸面出现裂纹，那么石膏板就会从纸面的裂纹处开裂
听声音	用手敲击石膏板，听其的声音，如石膏板发出的声响非常的结实低沉，则说明石膏板的质地非常的紧密。如石膏板发出的声音非常的空阔，则说明石膏板的内部有空鼓的现象
检查尺寸偏差	观测石膏板的实际尺寸与其标准尺寸的偏差是多少，偏差越小则说明石膏板越好。偏差过大的石膏板在装饰时接缝处会不齐全，影响装饰效果
孔间距	平面度和直角偏离度及尺寸偏差是影响石膏板品质的重要因素，在选购时，尽量选择尺寸偏差、平面度、直角偏离度较小的石膏板

五、PVC 扣板

PVC 扣板以聚氯乙烯树脂为基料，加入一定量抗老化剂、改性剂等助剂，经混炼、压延、真空吸塑等工艺制作而成。PVC 扣板具有质量轻、防潮湿、隔热保温、不易燃烧、易清洁、易安装、价格低等优点。特别是经新工艺加工而成的 PVC 扣板，由于加入阻燃材料，使其能够离火即灭，使用更为安全。

△ 单色 PVC 扣板

除了性能优越外，PVC 扣板中间为蜂巢状空洞、两边为封闭式的板材。表层装饰有单色和花纹两种，花纹又有仿木兰、仿大理石、昙花、蟠桃、格花等多种图案；单色品种又分为乳白、米黄、湖蓝等色。在实际设计中，可选择淡色系的 PVC 扣板，花色也不要太鲜艳，这样就可以实现最大化的简洁，突出空间的简约美。

△ 带花纹的 PVC 扣板

PVC 扣板多用于厨房和卫浴间的顶面装饰，其外观呈长条状居多，宽度为 200~450mm 不等，长度一般有 300mm 和 600mm 两种，厚度为 1.2~4.0mm。

六、石膏浮雕

石膏浮雕是欧式风格空间中非常富有特色的装饰元素，并且常运用于顶面装饰中。石膏浮雕具有造型生动、高雅、立体感强、不老化、不褪色、耐潮、阻燃等特点。在室内顶面运用石膏浮雕装饰，既能丰富顶面空间的层次感，同时还能给空间营造出欧洲装饰艺术的氛围。此外，石膏浮雕装饰也非常耐看，而且可根据房间结构的特点，选用线条花纹与图案花纹拼制成的图案进行装饰。在选择石膏浮雕时应注意以下几点：

首先是好的石膏浮雕表面细腻，手感光滑。而质量低劣的石膏浮雕表面粗糙，摸上去毛毛糙糙，这类产品大多是低劣的石膏粉制作的。

其次看图案花纹深浅。好的石膏浮雕图案花纹的凹凸应在 1cm 以上，且制作较为精细，而采用盗版模具生产的石膏浮雕饰品，图案花纹较浅，一般只有 0.5~0.8cm。

最后看厚薄。好的石膏浮雕摸上去都很厚实，而不合格的石膏浮雕摸上去都很单薄，这样不仅使用寿命短，严重的甚至会影响居住者的安全。

△ 石膏浮雕

△ 白色石膏浮雕搭配灰蓝色护墙板，产生高雅而华丽的视觉感受

七、石膏线条

常见的石膏线条在吊顶装饰中作为顶角线，围绕房顶边缘一周，带有各种花纹，实用美观之外还可遮掩管线。石膏线的特点除了色彩呈白色外，还有一个明显的优势就是它的石膏表面非常的光滑细腻，因为它本身的物理特性微膨胀性，所以在使用过程中不会造成裂纹；还因为石膏材质的内部充满了大大小小的空隙，所以它的保温以及绝热性能非常优秀。

一般来说，石膏装饰线条的规格分宽、窄等几个规格。宽规格的石膏线条的厚度通常为150mm、130mm、110mm、100mm 等，长度有 2.5m、3m、4m、5m 不等。窄规格的石膏线条通常为 40mm、50mm、60mm 等多种厚度，长度一般为 2.5~3m。宽石膏线条主要用于吊顶四周的装饰，窄石膏线条主要与宽石膏装饰线条配合装饰使用。目前市场上常见的石膏线条主要有纤维石膏线、纸面石膏线、石膏空心条板、装饰石膏线等种类。

△ 石膏线条

△ 石膏线条装饰的造型不仅丰富了顶面的立体感，而且艺术感十足

墙面材料

一、软包

软包是室内墙面常用的一种装饰材料。其表层分为布艺和皮革两种材质，可根据实际需求进行选择。

皮革软包一般运用在床头背景墙居多，其面料可分为仿皮和真皮两种。在选择仿皮面料时，最好挑选哑光且质地柔软的类型，太过坚硬的仿皮面料容易产生裂纹或者脱皮的现象。除了仿皮之外还可以选择真皮面料作为软包饰面，真皮软包有保暖结实，使用寿命长等优点，常见的真皮皮料按照品质高低划分有黄牛皮、水牛皮、猪皮、羊皮等几种。需要注意的是，真皮有一定的收缩性，因此在做软包墙面的时候需要做二次处理。

布艺软包是内层填充海绵，然后外面用布包好，其质感比较柔软。在墙面使用布艺软包装饰，不仅能柔化室内空间的线条，营造温馨的格调，还能增添空间的舒适感。各种质地的柔软布料，既能降低室内的噪声，又能使人获得舒适的感觉。

△ 布艺软包

△ 皮质软包

△ 皮雕软包

皮雕软包是利用皮革的延展性，以旋转刻刀及印花工具，在上面运用刻划、敲击、推拉、挤压等手法，制作出各种表情、深浅、远近等感觉。在室内墙面搭配皮雕软包作为装饰，不仅可以加强空间的立体层次感，还能为室内营造独特的艺术气息。

二、墙布

　　墙布也叫纺织墙纸，主要以丝、羊毛、棉、麻等纤维织成，由于花纹都是平织上去的，给人一种立体的真实感，摸上去也很有质感。

　　在购买墙布时，首先应观察其表面的颜色以及图案是否存在色差、模糊等现象。墙布图案的清晰越度高，说明墙布的质量越好。其次看墙布正反两面的织数和细腻度，一般来说表面布纹的密度越高，则说明墙布的质量越好。此外，墙布的质量主要与其工艺和韧性有关，因此在选购时，可以用手去感受墙布的手感和韧性，特别是植绒类墙布，通常手感越柔软舒适，说明墙布的质量好，并且柔韧性也会越强。墙布的耐磨耐脏性也是选购时不容忽视的一点。在购买时可以用铅笔在墙布上画几画，然后再用橡皮擦擦掉，品质较好的墙布，即使表面有凹凸纹理，也很容易擦干净，如果是劣质的墙布，则很容易被擦破或者擦不干净。

△ 平织墙布

△ 植绒墙布

△ 刺绣墙布

△ 因为表层材质为丝、布等，所以可呈现更加细致精巧的质感

三、纸质墙纸

纸质墙纸是一种全部用纸浆制成的墙纸，这种墙纸由于使用纯天然纸浆纤维，透气性好，并且吸水吸潮，是一种环保低碳的装饰材料。纸质墙纸的材质为两层原生木浆纸复合而成：打印面纸为韧性很强的构树纤维棉纸，底纸为吸潮透气性很强的檀皮草浆宣纸。这两种纸材都是由植物纤维组成，从而透气、环保，不发霉不发黄。

纸质墙纸比 PVC 墙纸的价格略高，但是不含 PVC 墙纸的化学成分，用水性颜料墨水便可以直接打印，打印图案清晰细腻，色彩还原好。纸质墙纸表面涂有薄层蜡质，无其他任何有机成分，是纯天然的墙纸，耐磨损。此外，纸质墙纸拥有不错的耐磨性和抗污性，保养十分简单，一旦发现墙纸有污迹，只需用海绵蘸清水或清洁剂擦拭；也可用湿布抹干净，然后再用干布抹干即可。

△ 富有立体感图案的纸质墙纸

△ 金属类纯纸墙纸

△ 胶面纯纸墙纸

纸质墙纸以其材质构成不同分为原生木浆纸和再生纸。原生木浆纸以原生木浆为原材料，经打浆成型，表面印花而成。其特点就是相对韧性比较好，表面相对较为光滑，每平方米的重量相对较重。再生纸以可回收物为原材料，经打浆、过滤、净化处理而成，该类纸的韧性相对较弱，表面多为发泡或半发泡型，每平方米的重量相对较轻。

四、手绘墙纸

手绘墙纸是指绘制在各类不同材质上的绘画墙纸，也可以理解为绘制在墙纸、墙布、金银箔等各类软材质上的大幅装饰画。可作为手绘墙纸的材质主要有真丝、金箔、银箔、草编、竹质、纯纸等。其绘画风格一般可分为工笔、写意、抽象、重彩、水墨等。手绘墙纸颠覆了只能在墙面上绘画的概念，而且更富装饰性，能让室内空间呈现出焕然一新的视觉效果。

手绘墙纸有多种风格可供选择，如中式手绘墙纸、欧式手绘墙纸和日韩手绘墙纸等。在选择时切记不可喧宾夺主，不宜采用有过多装饰图案或者图案面积很大、色彩过于艳丽的墙纸。选择具有创意图案、风格大方的手绘墙纸，更有利于烘托出静谧舒适的感觉。

目前市场上的手绘墙纸多以中国传统工笔技法、水墨画技法为主，它的制作需要多名具有极其扎实绘画基本功的手绘工艺美术师，经过选材、染色、上矾、裱装、绘画等数十道工序打造而成。所以手绘墙纸虽然装饰效果不错，但是价格相对较贵。其价格根据墙纸用料及工艺复杂程度的不同略有差异，一般价格为 300~1200 元 /m²。

△ 手绘墙纸的图案应与空间的整体风格相呼应

△ 手绘墙纸的精致与逼真程度大多取决于绘画师的水平

△ 真丝手绘墙纸

△ 金箔手绘墙纸

△ 银箔手绘墙纸

△ 纯纸手绘墙纸

五、镜面玻璃

镜面玻璃又称磨光玻璃，是用平板玻璃经过抛光后制成的玻璃，分单面磨光和双面磨光两种，表面平整光滑且有光泽。在室内墙面装饰中，镜面材料的装点及运用不仅能张扬个性，而且能体现出一种具有时代感的装饰美学。

镜面玻璃按颜色又可分为茶镜、灰镜、黑镜、银镜、彩镜等，可根据色卡进行选择。此外，虽然镜面材质很硬，但是可以通过电脑雕刻出各种形状和花纹，因此可以根据自己需要的图案定制。

△ 大块镜面有效扩大视觉空间

类型		特点	参考价格 /（元/m²）
茶镜		给人温暖的感觉，适合搭配木饰面板使用，可用于各种风格的室内空间中	190~260
灰镜		适合搭配金属使用，即使大面积使用也不会过于沉闷，适合现代风格的室内空间中	170~210
黑镜		色泽给人以冷感，具有很强的个性，适合局部装饰于现代风格的室内空间中	180~230
银镜		指用无色玻璃和水银镀成的镜子，在室内装饰中最为常用	120~150
彩镜		色彩种类多，包括红镜、紫镜、蓝镜、金镜等，但反射效果弱，适合局部点缀使用	200~280

六、艺术玻璃

艺术玻璃是指通过雕刻、彩色聚晶、物理暴冰、磨砂乳化、热熔、贴片等众多形式，让玻璃具有花纹、图案和色彩等效果。艺术玻璃的风格多种多样，作为室内装饰材料之一，在选购艺术玻璃时，艺术玻璃的颜色、图案和风格，都要能与家中的整体风格一致，这样才能使整体的装饰效果更加完美。如地中海风格的空间，可选择蓝白色小碎花样的艺术玻璃装饰背景墙，而不能选用暗红色的艺术玻璃。

艺术玻璃的款式多样，具有其他材料没有的多变性。选购时最好选择经过钢化的艺术玻璃，或选购加厚的艺术玻璃，如 10mm、12mm 等，以降低破损概率。艺术玻璃如需定制，一般需 10~15 天。定制的尺寸、样式的挑选空间很大，有时也没有完全相同的样品可以参考，因此最好到厂家挑选，找出类似的图案样品参考，才不会出现想象与实际差别过大的状况。

△ 中式风格空间中水墨山水画图案的艺术玻璃

七、玻璃砖

玻璃砖是用透明或者有颜色的玻璃压制成块的透明材料，有块状的实心玻璃砖，也有空心盒状的空心玻璃砖。在多数情况下，玻璃砖并不作为饰面材料使用，而是作为结构材料。在室内空间中运用玻璃砖作为隔断，既能起到分隔功能区的作用，还可以增加室内的自然采光，同时又很好地保持了室内空间的完整性，并让空间更有层次，视野更为开阔。

玻璃砖以长 19cm、宽 19cm、厚 8cm 的大小最为普遍，颜色上除了最普遍的无色，也有粉绿、粉蓝、粉红色或增加雾面喷砂处理，造型以斜纹、小方格、水波纹、气泡等比较常见。

选购玻璃砖，首先可以看玻璃砖色泽判断产地：德国、意大利的玻璃砖细砂成分质量较佳，会带点淡绿色；印尼、捷克以及大部分的国产玻璃则以无色居多，偏向家居玻璃的颜色。其次，买玻璃砖要检视透光率，细看玻璃砖纹路是否细致、有无杂质，尤其不要忽略了周边灯光颜色的影响，玻璃砖在黄色灯光和白色灯光下会有不一样的呈现。

△ 彩色玻璃砖既具有很强的装饰效果，又可以让盥洗台区域的视野更为开阔

八、文化砖

文化砖的制作材料主要是水泥，用一些轻集料降低砖的容重，增色剂保持文化砖的色彩长期稳定不褪色。如今的文化砖已不再只是单一的色调了，有丰富的颜色选择，而且可以根据需求随意搭配，使其装饰效果更具观赏性。虽然文化砖在颜色及外形上不尽相同，但是都能恰到好处地提升空间气质。

文化砖规格种类非常多，包括仿天然、仿古、仿欧美三大系列。文化砖的尺寸规格并没有统一的规定，根据不同的应用场合会有不同的变化。目前市面上常见的文化砖尺寸主要有厚度为 10mm、20mm 和 30mm 三种，长宽的规格有 25mm×25mm、45mm×45mm、45mm×95mm、73mm×73mm 等。

在选购文化砖时不仅要看表面纹理，还要看背面的陶粒是否均匀排列，大小均匀更有助于增加产品的黏附力。此外，还要看文化砖的断面是否密致，质量不过关的文化砖，其断面通常都较为粗糙，而质量较好的文化砖，其断面较为均匀紧致。由于文化砖表面一般都是凹凸不平的，因此劣质的文化砖可能会出现掉粉，起皮的现象。高质量的文化砖一般会采用进口有机色粉进行饰面，制作工艺也更为考究，因此可以避免此类现象发生。

△ 利用文化砖打造的背景墙

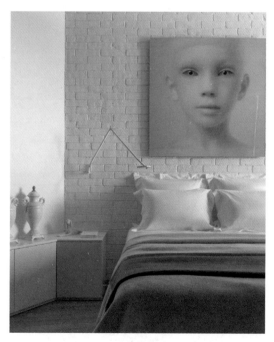

△ 白色文化砖营造清新而富有艺术的气息

不同种类、不同规格的文化砖价格也有所不同。目前市场上文化砖的价格每平方米从几十元到几百元都有，主要看文化砖的规格、厚度以及材质。一般的文化砖价位在 50~100 元 /m²，规格高一些的也就在 350 元 /m² 左右。

九、文化石

文化石给人自然、粗犷的感觉，并且外观种类很多，可依家中的风格搭配。一般乡村风格的室内空间墙面运用文化石最为合适，色调上可选择红色系、黄色系等，在图案上则是以木纹石、乱片石、层岩石等较为普遍。

文化石的价格多以箱为单位，进口材料价格约是国产的 2 倍，但色彩及外观的质感较好。市场上，每平方米文化石价格为 180~300 元。

文化石按外观可分成很多种，如砖石、木纹石、鹅卵石、石材碎片、洞石、层岩石等，只要是想得到的石材种类，几乎都有相对应的文化石，甚至还可仿木头年轮的质感。

△ 美式乡村风格空间的文化石应用

类型		特点	参考价格 / (元/m²)
仿砖石		模仿砖石的质感和样式，并可做出色彩不一的效果，是价格最低的文化石，多用于壁炉或主题墙的装饰	150~180
城堡石		外形仿照古时城堡外墙形态和质感，有方形和不规则形两种类型，多为棕色和灰色两种色彩，颜色深浅不一	160~200
层岩石		仿岩石石片堆积形成的层片感，是很常见的文化石种类，有灰色、棕色、米白等色彩	140~180
蘑菇石		因凸出的装饰面如同蘑菇而得名，也叫馒头石，主要用于室内外墙面、柱面等立面装饰，显得古朴、厚实	220~300

十、大理石

大理石根据其表面的颜色，大致可分为白色系大理石（雅士白大理石、爵士白大理石、大花白大理石、雪花白大理石）、米色系大理石（阿曼米黄大理石、金线米黄大理石、西班牙米黄大理石）、灰色系大理石（帕斯高灰大理石、法国木纹灰大理石、云多拉灰大理石）、黄色系大理石（雨林棕大理石、热带雨林大理石）、绿色系大理石（大花绿大理石、雨林绿大理石）、红色系大理石（橙皮红大理石、铁锈红大理石、圣罗兰大理石）、咖啡色大理石（浅啡网纹大理石、深啡网纹大理石）、黑色系大理石（黑白根大理石、黑木纹大理石、黑晶玉大理石、黑金沙大理石）8 个系列。

△ 天然大理石的纹理宛如一幅浑然天成的水墨山水画

类型		特点	参考价格 / (元 /m²)
爵士白大理石		颜色具有纯净的质感，带有独特的山水纹路，有着良好的加工性和装饰性能	200~350
黑白根大理石		黑色质地的大理石带着白色的纹路，光泽度好，经久耐用，不易磨损	180~320
啡网纹大理石		分为深色、浅色、金色等几种，纹理强烈，具有复古感，价格相对较贵	280~360
紫罗红大理石		底色为紫红，夹杂着纯白、翠绿的线条，形似传统国画中招展的梅枝，显得高雅大方	400~600
大花绿大理石		表面呈深绿色，带有白色条纹，特点是组织细密、坚实、耐风化、色彩鲜明	300~450
黑金花大理石		深啡色底带有金色花朵，有较高的抗压强度和良好的物理性能，易加工	200~430
金线米黄大理石		底色为米黄色，带有自然的金线纹路，用作地面时间久了容易变色，通常作为墙面装饰材料	140~300
莎安娜米黄大理石		底色为米黄色，带有白花，不含有辐射且色泽艳丽、色彩丰富，被广泛用于室内墙面、地面的装饰	280~420

十一、微晶石

微晶石是在高温作用下，经过特殊加工烧制而成的石材。具有天然石材无法比拟的优势，例如内部结构均匀，抗压性好，耐磨损，不易出现细小裂纹。根据原材料及制作工艺的不同，可以把微晶石分为通体微晶石、无孔微晶石以及复合微晶石三类。

△ 微晶石既有特殊的微晶结构，又有特殊的玻璃基质结构，质地细腻，板面晶莹亮丽

类型		特点
通体微晶石		通体微晶石又叫微晶玻璃，是以天然无机材料，采用特定的工艺、经高温烧结而成，是一种新型的高档装饰材料。具有无放射、不吸水、不腐蚀、不氧化、不褪色、无色差、强度高、光泽度高等特点
无孔微晶石		采用最新高科技技术和最先进生产工艺制成的新型绿色环保产品。其多项理化指标均优于普通微晶石、天然石，也被称为人造汉白玉。无孔微晶石无气孔不吸污，而且还具有色泽纯正、不变色、无辐射、硬度高、耐酸碱、耐磨损等特性
复合微晶石		将微晶玻璃复合在陶瓷玻化砖表面的新型复合板材，再经二次烧结而成的高科技新产品，也称微晶玻璃陶瓷复合板。复合微晶石厚度在13~18mm，光泽度一般大于95。复合微晶石有着色泽自然、晶莹通透、永不褪色、结构致密、晶体均匀、纹理清晰等特点，并且具有玉质般的感觉

在购买微晶石前要先确定好室内的整体装饰风格，然后选择图案颜色相对应的微晶石，以免因选择错误造成较大的突兀感以及达不到想要的装饰效果。此外，建议选择口碑比较好的微晶石品牌，因为一线二线品牌的产品，在质量上和生产监管上都比较严格。

十二、乳胶漆

乳胶漆是以合成树脂乳液为基料，通过研磨并加入各种助剂精制而成的涂料，也叫乳胶涂料。乳胶漆有着传统墙面涂料所不具备的优点，如易于涂刷、覆遮性高、干燥迅速、漆膜耐水、易清洗等。乳胶漆具有品种多样、适用面广、对环境污染小以及装饰效果好等特点，因此是目前室内装修中，使用最为广泛的墙面装饰材料之一。

选购乳胶漆时应先看涂料有无沉降、结块等现象。品质好的乳胶漆在放置一段时间后，其表面会形成厚厚的、有弹性的氧化膜，而且不易裂，而次品只会形成一层很薄的膜，不仅易碎，而且会有辛辣的气味。此外，在开桶之后可以搅拌一下看看乳胶漆是不是均匀，有没有沉淀或者硬块。或者要求店家在样板墙上试刷，好的乳胶漆抹上去细腻、顺滑，而且遮盖力强，而质量不达标的乳胶漆不仅会有颗粒感，而且黏稠度也较差。有的厂商为了吸引顾客，在产品的包装上大做文章，故意夸大产品性能功效。因此在购买乳胶漆时除了要看产品的包装，还需要注意桶上标注的生产时间，因为涂料也有保质期的，还应查看产品的详细检测单。

△ 卫浴间墙面应选择防水乳胶漆

△ 选择乳胶漆应选择比色卡浅一号的色号，才能达到预期效果

十三、硅藻泥

硅藻泥是一种以硅藻土为主要原材料的内墙装饰涂料，其主要成分为蛋白石，质地轻柔、多孔，本身纯天然，没有任何的污染以及添加剂。

选购硅藻泥时，看该厂家能否出具权威机构的检测报告。此外，需要查看硅藻泥的包装，检查包装袋上是否清楚标明产品名称、制造厂名、商标、批号、规格型号、执行标准号、产品净质量、生产日期、有效期、产品使用方法和防潮标记。

真正的硅藻泥的色泽比较的柔和，呈亚光色，仔细看就跟泥面具有相同的效果，一般的伪冒产品的色泽比较艳丽。

看吸水性来辨别硅藻泥的真伪是一个非常重要的方法，可以向硅藻泥墙面喷洒一些水，如果是真的硅藻泥就会迅速吸收水分，而且同时散发出淡淡的泥土芳香，如果是假冒的产品就没有这些现象。

△ 品质好的硅藻泥装饰的墙面显得色彩柔和

真正的硅藻泥做出来的肌理图案更显精细、大方，具有强烈的艺术感；而假冒的硅藻泥一般摸起来非常的粗糙，而且也不适合做任何的肌理图案。

△ 硅藻泥除了环保性能之外，还可以使墙面长期如新

十四、护墙板

护墙板主要由墙板、装饰柱、顶角线、踢脚线、腰线几部分组成，具有质轻、耐磨、抗冲击、降噪、施工简单、维护保养方便等优点，而且其装饰效果极为突出，常运用于欧式风格、美式风格等室内空间。在欧洲有着数百年历史的古堡及皇宫中，护墙板随处可见，是高档装修的必选材料。

用于制作护墙板的材质有很多种，其中以密度板、实木以及石材最为常见。此外还有采用新型材料制作而成的集成墙板。

△ 密度板护墙板

密度板是以木质纤维或其他植物纤维为原料，在加热加压的条件下制作而成的板材。由于其结构均匀、材质细密、性能稳定，而且耐冲击、易加工，是非常适合作为室内护墙板的材质，但是也要选择环保级别较高的板材作为基料进行加工，确保环保品质。

实木护墙板是近年来使用较多的墙面装饰材料。具有安装方便、可重复利用、不变形、寿命长且更环保等优点。实木护墙板的材质选取不同于一般的实木复合板材，常用的板材有美国红橡、樱桃木、花梨木、胡桃木、橡胶木等。由于这些板材往往是从整块木头上直接切割而来，因此其木质感非常厚重，自然的木质纹路也显得精美耐看。

△ 实木护墙板

石材护墙板一般运用在追求豪华大气的室内墙面。大面积明快的大理石色线条，搭配着原始石材的清晰花纹，不仅时尚大气，而且还能让室内的视野更加宽阔。

△ 石材护墙板

集成护墙板是一种新型的墙面装饰材料，相对于其他护墙板来说，集成护墙板的作用更倾向于装饰性。其表面不仅拥有墙纸、涂料所拥有的色彩和图案，还具有极为强烈的立体感，因此装饰效果也十分出众。

△ 集成护墙板

十五、马赛克

马赛克是运用色彩变化的绝好载体，所打造出丰富的图案不仅能在视觉上带来强烈的冲击，而且赋予了室内墙面全新的立体感，马赛克的种类十分多样，按照材质、工艺的不同可以将其分为石材马赛克、陶瓷马赛克、贝壳马赛克、玻璃马赛克、金属马赛克、树脂马赛克等若干不同的种类。

△ 卫浴间中的马赛克拼花主题墙

马赛克根据使用的材质不同，价格差别也非常大。普通的如玻璃马赛克、陶瓷马赛克价格在每平方米几十元不等，但是同样的材质根据纹理、图形个性设计的差别，价格又有高低差异。而一些高端材质如石材、贝壳等材料价格一般每平方米高达几百元甚至上千不等。

△ 由墙面延伸至地面的马赛克铺贴造型

类型		特点
石材马赛克		是将天然石材开介、切割、打磨后手工粘贴而成的马赛克，是最古老和传统的马赛克品种。石材马赛克具有纯天然的质感，优美的纹理，能为室内空间带来自然、古朴、高雅的装饰效果。根据其处理工艺的不同，石材马赛克有哑光面和亮光面两种表面形态，在规格上有方形、条形、圆角形、圆形和不规则平面等种类
陶瓷马赛克		是以陶瓷为材质制作而成的瓷砖。其防滑性能优良，因此常用于室内卫浴间、阳台、餐厅的墙面装修。此外，有些陶瓷马赛克会将其表面打磨成不规则边，制作出岁月侵蚀的模样，以塑造历史感和自然感。这类马赛克既保留了陶的质朴厚重，又不乏瓷的细腻润泽
贝壳马赛克		原材料来源于深海或者人工养殖的贝壳，市面上常见的一般以人工养殖贝壳做成的马赛克为主。贝壳马赛克选自贝壳色泽最好的部位，在灯光的照射下，能展现出极为高品质的装饰效果。此外，贝壳马赛克没有辐射污染，并且装修后不会散发异味，因此是装饰室内墙面的理想材料
玻璃马赛克		又叫作玻璃锦砖或玻璃纸皮砖，是一种小规格的彩色饰面玻璃。玻璃马赛克一般由天然矿物质和玻璃粉制成，因此十分环保。而且还具有耐酸碱、耐腐蚀、不褪色等特点，非常适合运用在卫浴间的墙面上。玻璃马赛克的常见规格主要有 20mm×20mm、30mm×30mm、40mm×40mm，其厚度一般在 4~6mm 之间
金属马赛克		是由不同金属材料制成的一种特殊马赛克，有光面和哑光面两种。按材质又可分为不锈钢马赛克、铝塑板马赛克、铝合金马赛克。金属马赛克单粒的规格有 20mm×20mm、25mm×25mm、30mm×30mm 等，同一个规格可以变换成上百种品种，尺寸、厚度、颜色、板材、样式都可根据需要进行变换
树脂马赛克		是一种新型环保的装饰材料，在模仿木纹、金属、布纹、墙纸、皮纹等方面都惟妙惟肖，可以达到以假乱真的效果。此外在形状上凹凸有致，能将图案丰富地表现出来，以达到其他材料难以表现的艺术效果

十六、木饰面板

木饰面板是将木材切成一定厚度的薄片，粘附于胶合板表面，然后经过热压处理而成的墙面装饰材料。常见的木饰面板分为人造木饰面板和天然木饰面板，人造饰面板纹理通直且图案有规则，而天然木饰面板纹理图案自然、无规则，且变异性比较大。

△ 木饰面板拼花造型

购买木饰面板时，可以根据板面纹理的清晰度以及色泽来区分其品质的好坏。如果表面的色泽不协调，或者有出现损边以及有变色、发黑的情况，则说明产品质量不合格，需谨慎购买。其次，还要看板材是否翘曲变形，能否垂直竖立自然平放，如果发生翘曲或者板质松软不挺拔、无法竖立等现象则说明是劣质产品。此外，还要注意观察木饰面板的表面色彩，优质的木饰面板切片色泽新鲜、均匀，而且具有木材特有的光泽，不会出现色差等现象。

△ 木饰面板与镜面、金属等材料形成质感上的碰撞

类型		特点	价格 /（元 / 张）
枫木		色泽白皙光亮，图形变化万千，分直纹、山纹、球纹、树榴等，花纹呈明显的水波纹或细条纹	280~360
橡木		具有比较鲜明的直纹或山形木纹，并且触摸表面有着良好的质感，使人倍觉亲近大自然	100~500
柚木		柚木木饰面板色泽金黄，纹理线条优美。它包括柚木、泰柚两种，质地坚硬，细密耐久，涨缩率是木材中最小的一种	120~280
黑檀		黑檀木饰面板呈现黑褐色，具有光泽，表面变幻莫测的黑色花纹犹如见到名山大川、行云流水，具有很高的观赏价值	120~180
胡桃木		常见有红胡桃木、黑胡桃木等，表面为从浅棕到深巧克力的渐变色，色泽优雅，纹理为精巧别致的大山纹	110~180
樱桃木		樱桃木木饰面板木质细腻，颜色呈自然棕红色，装饰效果稳重典雅又不失温暖热烈，因此被称为"富贵木"	80~300
水曲柳		水曲柳木饰面板是室内装饰中最为常用的，分为水曲柳山纹和水曲柳直纹两种。表面呈黄白色，纹理直而较粗，耐磨抗冲击性好	70~280
沙比利		沙比利木饰面板色泽呈红褐色，木质纹理粗犷，制成直纹后，纹理有闪光感和立体感。按花纹可分为直纹沙比利、花纹沙比利、球形沙比利	70~400

地面装饰材料

一、仿古砖

仿古砖是从彩釉砖演化而来，实质上是上釉的瓷质砖。与普通的釉面砖相比，其差别主要表现在釉料的色彩上面，现代仿古砖属于普通瓷砖，与瓷砖基本是相同的，所谓仿古，指的是砖的效果，应该叫仿古效果的瓷砖。

仿古地砖表面经过打磨而形成的不规则边有着经岁月侵蚀的模样，呈现出质朴的历史感和自然气息，不仅装饰感强，而且突破了瓷砖脚感不如木地板的刻板印象。仿古砖的外观古朴大方，其品种、花色也较多，但每一种仿古砖在造型上的区别并不大，因而仿古砖的色彩就成了设计表达最有影响力的元素。

仿古砖的款式新颖多样，从施釉方式来看，可分为全抛釉仿古砖与半抛釉仿古砖；全抛釉仿古砖其光亮程度与耐污性，更适用于室内家居地面。呈现哑光光泽的半抛釉仿古砖，用于墙面效果表现更为出色。

△ 暖色系的仿古砖是乡村风格空间最常用的地面材料之一

△ 中式风格空间的地面常用灰色仿古砖表现古朴自然的禅意

从表现手法上，可分为单色砖与花砖，单色砖主要由单一颜色组成，而花砖则多以装饰性的手绘图案进行表现。单色砖主要用于大面积铺装，而花砖则作为点缀用于局部装饰。

还可以从砖面的纹理，将仿古砖分为仿石材、仿木材、仿金属等特殊肌理的仿制砖。一般仿木纹的仿古砖适合客厅、卧室大面积铺装，而仿石材的仿古砖则更多被用于家居地面的局部装饰。

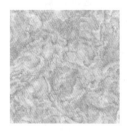
△ 全抛釉仿古砖

△ 半抛釉仿古砖

△ 仿古花砖

△ 单色仿古砖

二、玻化砖

玻化砖是由石英砂、泥按照一定比例烧制而成，然后经打磨，表面如玻璃镜面一样光滑透亮，是所有瓷砖中最硬的一种，在吸水率、边直度、弯曲强度、耐酸碱性等方面都优于普通釉面砖、抛光砖及一般的大理石。

玻化砖的出现是为了解决抛光砖的易脏问题，又称为全瓷砖。玻化砖的表面光洁但又不需要抛光，不存在抛光气孔的问题，所以质地要比抛光砖更硬更耐磨，长久使用也不容易出现表面破损，性能稳定。玻化砖不同于一般抛光砖色彩单一、呆板、少变化，它的色彩艳丽柔和，没有显著色差，不同色彩的粉料自由融合，自然呈现丰富的色彩层次。

△ 黑白色地砖跳格子铺贴的方式富有灵动感

玻化砖的主要分类有渗花型砖、微粉砖、多管布料砖、微晶石和防静电砖等。相对大理石、微晶石来说，玻化砖是普通的瓷砖。综合价格包含材料费和人工费，其中材料费是最关键的。根据品牌不同价格浮动较大，一般在 100~500 元 /m^2。

△ 玻化砖是所有瓷砖中最硬的一种，适用于人流量较大的公共空间地面

步骤	选购方法
看表面	主要是看玻化地砖表面是否光泽亮丽、有无划痕、色斑、漏抛、漏磨、缺边、缺脚等缺陷
掂手感	同一规格产品质量好、密度高的玻化砖手感都比较沉；反之，质次的产品手感较轻
听声音	敲击玻化地砖，若声音浑厚，且回音绵长如敲击铜钟之声，则为优等品；若声音混哑，则质量较差
量偏差	如果玻化地砖边长超过偏差的标准，则会对装饰效果产生较大的影响。可用一条很细的线拉直沿对角线测量，看是否有偏差
试铺贴	在同一型号且同一色号范围内，随机抽取不同包装箱中的玻化砖在地上试铺，然后站在 3m 之外仔细观察色差与平整度

三、水泥砖

水泥砖是指利用粉煤灰、煤渣、煤矸石、尾矿渣、化工渣或者天然砂、海涂泥等作为主要原料，用水泥做凝固剂，不经高温煅烧而制造的一种新型墙体材料。水泥砖属于仿古砖的一种，是真实还原水泥质感的瓷砖，传达的是一种粗犷、简朴却又不失精致和细腻的感觉。

水泥砖在工艺上属于釉面砖，从材质上属于瓷质砖。水泥砖没有使用场所的限制，可以用于室内，也可以用于室外；可以用于客厅、厨房、卫生间、卧室。水泥砖适用于多种风格的空间，如现代、北欧、极简、现代中式等风格，无论是用于墙面或地面都能够得心应手地营造空间的氛围，搭配设计感十足的家具款式，往往会达到出乎意料的效果。

水泥砖按产品规格分为条形砖、方形砖和多边形砖等。水泥砖根据光滑程度，有干粒、半抛、柔抛和全抛等不同表面处理方式。品质不同，水泥砖的价格自然也会不同。优质的水泥砖价格为 200~400 元 /m²，质量中等的水泥砖价格为 100~200 元 /m²，一般质量的水泥砖价格为 40~100 元 /m²。

△ 水泥砖的地面适合营造质朴自然的空间氛围

△ 水泥砖的最大特点是真实还原水泥质感

四、波打线

波打线是地面装饰的走边铺材，颜色一般较深，上面会有比较复杂的图案设计，通常安装在客厅、过道以及餐厅空间的地面上。波打线的花样及款式非常丰富，因此在家居地面设计波打线，能让空间显得更加丰富灵动。如能将波打线与吊顶设计成相互呼应的造型，还可以让整个空间显得更有立体感。

市面上常见的波打线尺寸有100mm、130mm、150mm、200mm四种，可以根据空间的大小来选择合适的波打线尺寸。若使用量比较大，可以根据自己的需求去定制。一般情况下，空间小，就使用较小的波打线，空间大则用大一点的尺寸。否则波打线规格和房间大小不协调，就会感觉突兀怪异，影响美观。

△ 利用波打线造型打破大面积空间地面的单调感

△ 波打线与吊顶形成造型上的呼应

类型		特点
单层波打线		如果家居中铺贴的是较为单一的瓷砖，又不想增加复杂的拼花或铺贴效果，不妨增加一条简约的单层波打线。单层波打线不仅应用广泛，经典百搭，而且能为空间增添别致的感觉
双层或多层波打线		双层或多层波打线摆脱了传统的单边设计，将波打线改为双条或者三条的组合，能让地面效果更富于变化，更具视觉美感。这类波打线几乎每个空间都能应用，而且可以搭配不同粗细的波打线应用，造型也十分多变
花纹波打线		如果空间足够大，可以将波打线设计为拼花或者特殊的铺贴方式，丰富的花纹、复古的造型，装饰效果更佳。除了单纯的仿石纹理波打线，也可以选用纹理更为繁复美艳的复古波打线，让空间跳跃并富有生气
不规则波打线		波打线不一定就是四平八稳的细小边线，不规则波打线在走边形状或者厚度上打破常规，富于变化，显得更为灵动多变。圆形的外边线配合弧形的内边线，制造出惊艳的装饰效果

五、实木地板

实木地板是天然木材经烘干、加工后形成的地面装饰材料，又名原木地板，是实木地板直接加工成的地板。它呈现出的天然原木纹理和色彩图案，给人自然、柔和、富有亲和力的质感。

实木地板的涂装基本保持了木材的本色韵味，色系较为单纯，大致可分为红色系、褐色系、黄色系，每个色系又分若干个不同色号，几乎可以与所有常见家具装饰面板相配色。

实木地板根据材种可分为国产材地板和进口材地板。国产材常用的材种有桦木、水曲柳、柞木、枫木，进口材常用的材种有甘巴豆、印茄木、摘亚木、香脂木豆、蚁木、柚木、李叶苏木、二翅豆、四籽木、铁线子等。根据表面有无涂饰，可分为漆饰地板和素板，现在最常见的是 UV 漆饰地板；按铺装方式可分为榫接地板、平接地板、镶嵌地板等，现在最常见的是榫接地板。

不同品牌的实木地板价格是不同的，同一品牌，但是不同规格、材质，价格也不一样。特别是原木木材树种对价格影响较大，如橡木地板价格高于桦木地板。

△ 深色实木地板把中式风格古香古色的特征演绎得美轮美奂

△ 自然粗犷的地板纹理充满原生态的质感

类型		特点
枫木		有着一层淡淡的木质颜色，给人清爽、简洁的感觉；纹理交错，结构细而均匀，质轻而较硬
橡木		具有自然的纹理和良好的触感，而且橡木地板的质地坚硬而且细密，让其防水性和耐磨性得以提高
柚木		纹理表现为优美的墨线和斑斓的油影，表面含有很重的油脂，这层油脂使地板有很好的稳定性，防磨防腐防虫蛀
重蚁木		是世界上质地最密实的硬木之一，硬度是杉木的三倍。光泽强、纹理交错、具有深浅相间条纹、艺术感强
花梨木		具有清晰的纹理，触摸木地板表层有良好的质感。因其天然属性，质地坚实牢固，因此做成的花梨木地板使用年限长。但因为原料稀少，所以价格较贵
黑胡桃木		木纹美观大方，黑中带紫，典雅高贵。木纹比较深，要求透明底漆的填充性好，封闭性强
香脂木豆		最大的特点是天然的香味，纹理非常美观，在横纹竖纹之中带着斑斑点点，仿佛是一幅后现代派的油画大作

六、实木复合地板

实木复合地板是由不同树种的板材交错层压而成，一定程度上克服了实木地板湿胀干缩的缺点，具有较好的尺寸稳定性，并保留了实木地板的自然木纹和舒适的脚感。

实木复合地板按面层材料可分为实木拼板作为面层的实木复合地板和单板作为面层的实木复合地板；按结构可分为三层结构实木复合地板和以胶合板为基材的多层实木复合地板；按表面有无涂饰可分为涂饰实木复合地板和未涂饰实木复合地板；按地板漆面工艺可分为表层原木皮实木复合地板和印花实木复合地板。

实木复合地板的纹理多样，色彩也有多重的选择，具体应根据家庭装饰面积的大小而定。例如面积大或采光好的房间，用深色实木复合地板会使房间显得紧凑；面积小的房间，用浅色实木复合地板给人以开阔感，使房间显得明亮。

△ 满铺实木复合地板给北欧空间带来放松舒适的感觉

△ 面积小的房间用浅色实木复合地板给人以开阔感

七、强化复合地板

强化复合地板是主要由耐磨层、装饰层和高密度的基材层、平衡防潮层所组成的地板类型。和传统的木地板相比，强化复合地板的表面一层是由较好的耐磨层组成的，所以具有较好的耐磨、抗压和抗冲击力、防火阻燃、抗化学物品污染的性能。强化复合地板的装饰层是由电脑模仿的，可以制作出各种类型的木材花纹，甚至还可以模仿出自然界所没有的独特的图案。此外，强化复合地板的安装也是较为简单的，因为它的四周设有榫槽，因此在进行安装时，只需要将榫槽契合就可以了。

△ 强化复合地板价格实惠，耐磨性高，适合于装修预算不高的简约风格空间

强化复合地板虽然有防潮层，但不宜用于浴室等潮湿的空间，为了追求装饰效果更佳精美，以及设计的多样性，会将空间地面设计成拼花的样式，强化复合地板具有多种的拼花样式，可以满足多种设计要求。如常见的 ∨ 字形拼花木地板、方形的拼花木地板等。

	类型	特点	价格
平面强化复合地板		最常见的强化复合地板，即表面平整无凹凸，有多种的纹理可以选择	55~130 元 /m²
浮雕强化复合地板		地板的纹理清晰，凹凸质感强烈，与实木地板相比，纹理更具规律性	80~180 元 /m²
拼花强化复合地板		有多种的拼花样式，装饰效果精美，抗刮划性很高	120~130 元 /m²
布纹强化复合地板		有多种的拼花样式，装饰效果精美，抗刮划性很高	80~165 元 /m²

八、竹木地板

竹木地板是以天然优质竹子为原料，经过二十几道工序，脱去竹子原浆汁，经高温高压拼压，再经过多层油漆，最后红外线烘干而成。因其具有竹子的天然纹理，给人一种回归自然、高雅脱俗的感觉，十分适用于禅意家居和日式家居中。

竹子因为导热系数低，自身不生凉放热，因此具有冬暖夏凉的特点。色差较小是竹材地板的一大特点。按照色彩划分，竹材地板可分为两种，一是自然色，色差比木质地板小，具有丰富的竹纹，而且色彩匀称；自然色中又可分为本色和碳化色，本色以清漆处理表面，采用竹子最基本的色彩，亮丽明快；碳化色平和高雅，其实是竹子经过烘焙制成的，在凝重沉稳中依然可见清晰的竹纹。二是人工上漆色，漆料可调配成各种色彩，不过竹纹已经不太明显。

竹木地板的价格差异较大，300~1200 元 /m² 的皆有；部分花色如菱形图案，是将条纹以倾斜角度呈现，会产生较多的损料，因此价格昂贵，约 1200 元 /m²。加工程度越深，各方面性能越好，竹地板价格越高。比如碳化竹地板价格高于本色竹地板。

类型		特点	价格
平压实竹地板		采用平压的施工工艺，使竹木地板更加坚固、耐划	150~280 元 /m²
侧压实竹地板		采用侧压的施工工艺，这类地板的好处在于接缝处更加牢固，不容易出现大的缝隙	130~250 元 /m²
实竹中横板		属于竹木地板的一种，其内部构造工艺比较复杂，但不易变形，整体的平整度较高	80~200 元 /m²
竹木复合地板		表面一层为竹木，下面则为复合板压制而成	80~200 元 /m²

九、亚麻地板

亚麻地板源于 100 多年前的古老配方和物理加工工艺。是由亚麻籽油、软木、石灰石、木粉、松香、天然树脂等天然原材料经物理方法加工而成的，是一种特殊的地面装饰材料，与大理石、瓷砖相比它更具有弹性，属于弹性地材中的一种。天然环保是亚麻地板最突出的特点，产品生产过程中不添加任何增塑剂、稳定剂等化学添加剂，并且具有良好的耐烟蒂性能。亚麻地板很薄，热能在传递过程中损耗小，能高效发挥地面的供暖效果。亚麻地板受热不会变形、老化，更不会因原料原因释放有毒有害气体，特别适合用作地暖系统的表面地材饰面。

亚麻地板以卷材为主，是单一的同质透心结构，花纹和色彩由表及里纵贯如一。其施工价格主要包含以下几部分：面材、胶水、2~5mm 厚自流平基层处理、人工费，其中面材为最重要部分。目前市场上亚麻地板价格和质量参差不齐，一般为 100~400 元 /m²，而价格与品牌、总厚度、耐磨层厚度等因素都有很大关系，应根据亚麻地板在不同空间使用的分级标准，选用适合的产品。

△ 亚麻地板适用于儿童房空间的地面

十、拼花木地板

拼花木地板是采用同一树种的多块地板木材，按照一定图案拼接而成的地板材料，其图案丰富多样，并且具有一定的艺术性或规律性，有的图案甚至需要几十种不同的木材进行拼接，制作工艺十分复杂。拼花木地板的板材，多选用水曲柳、核桃木、榆木、槐木、枫木、柚木、黑胡桃等质地优良、不易腐朽开裂的硬杂木材，具有易清洁、经久耐用、无毒无味、防静电、价格适中等特点。

据结构的不同，拼花木地板可以分为实木拼花地板、复合拼花地板、多层实木拼花地板等。按表面工艺的差异则可分为曲线拼花、直线拼花、镶嵌式拼花地板等。极具装饰感的拼花木地板摆脱了以往木地板给人以呆板的印象。因拼装地板的外形富有艺术感，而且可以根据自己的需求设计图案，颇有个性，因此非常适合运用在追求装饰效果的家居空间中。

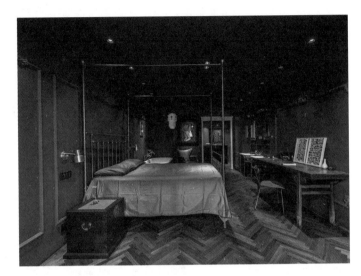

△ 拼花木地板的图案通常具有一定的艺术性或规律性

类型		特点
直线拼花木地板		直线拼花木地板是用剪切好的木片直接拼接造型，根据不同木材的颜色、纹路，拼出多种造型，具有精致多彩的装饰效果。直线拼花木地板适合在面积较大的空间里使用
曲线拼花木地板		曲线拼花是采用电脑雕刻技术，预先在电脑中设计出拼花造型，再用电脑雕刻出精细花纹的地板。曲线拼花造型复杂，美丽多变，非常适合室内小面积的铺设，而且可搭配常规地板进行铺设，雍容典雅，富贵大方
镶嵌式拼花木地板		镶嵌式拼花木地板由不同材质、不同颜色的木皮，按照一定的图案拼接而成。这些图案风格各异，或对称，或抽象，立体感十足。镶嵌式拼花木地板以精致的外表、细腻的表达方式，以及独特的装饰效果大大增强了家居空间的设计品位

十一、踢脚线

踢脚线作为家居装饰中极小的一个项目，常常很容易被忽略。事实上，安装踢脚线一方面可以让墙面与地面有一个很好的衔接保护层，把两者结合起来，减少打扫时带来的污染。另一方面，墙面和地面处于不同的立面，可以借踢脚线强化两者的区别，做到美化，不管明踢脚线还是暗踢脚线，都有利于让墙面与地面做到线性化处理。

不同材质和造型的踢脚线对室内空间起到的装饰作用不同，目前最常用的踢脚线按材质主要分为木质踢脚线、PVC 踢脚线、不锈钢踢脚线、瓷陶或石材踢脚线等。

类型		特点
木质踢脚线		有实木和密度板制作两种，实木的相对贵一些，这两类看起来都是木质的外观，视觉感受比较柔和，实木的木纹自然，密度板是仿木纹表面，与实木有一定的差距。安装时候可能木材表面会有修补痕迹，并且要注意气候变化导致日后产生起拱的现象
PVC 踢脚线		木踢脚的便宜替代品，外观颜色多变，有仿木纹、仿大理石以及仿金属拉丝的。价格便宜，但贴皮层可能脱落，而且视觉效果也较木踢脚差。PVC 踢脚线安装时需要先将底座固定到墙上，然后将踢脚线直接扣在底座上
金属踢脚线		有不锈钢和铝合金两种，早期以金属光泽居多，但现在很多铝合金踢脚线有了更多的变化，例如木纹、拉丝等，视觉效果相对缓和了许多。金属类踢脚线的工艺较为复杂，但优点是经久耐用，几乎没有任何维护的麻烦，一般适合用在一些现代风格的装修中
石材踢脚线		很多人选择用瓷砖作为踢脚线，直接粘到墙上，是一种经济实惠的选择，另一类石材踢脚线是人造大理石，它的色彩丰富，造型多变，而且也比较耐磨。石材类踢脚线给人比较硬朗的视觉感受，容易粘贴，材质硬度大、耐磨损

△ 白色踢脚线因为比较百搭，所以应用相对较为广泛

△ 踢脚线可选择与门套线相同或相近的颜色

踢脚线的颜色可与地面或者墙面颜色一致或者接近，如选择与木地板相近颜色的踢脚线，能让空间整体显得十分协调；踢脚线颜色亦可和地面或墙面的颜色形成反差，如浅色的地砖，选用深咖啡色的踢脚线，较大的反差能让分界更加明显；踢脚线颜色也可以根据门套线的颜色进行选择，可选择与门套线相同或相近的颜色，这样可以让整个居室有一致的色调。

一、整体橱柜

1. 橱柜门板

从橱柜门板就可以看出橱柜的质量和材质，因此橱柜门板使用哪种材料还是非常重要的，而且绝大多数的家庭在购买橱柜门板的时候，都会先向商家咨询橱柜门板所用材料的具体信息。

△ 将厨房电器内嵌于橱柜之中节省出空间

△ 橱柜内部应进行合理分区，以收纳不同种类的东西

类型		材质特点	优点分析	缺点分析
烤漆门板		烤漆板是木工材料的一种。它是以中密度板为基材，表面经过六至九次打磨，上底漆、烘干、抛光高温烤制而成	A. 其色彩艳丽，造型美观，外表如镜面光亮，贵气十足，门板可做造型，有很好的视觉冲击效果 B. 其防水、防滑性能很好，抗污能力也很强，比较容易清洗	A. 使用时要精心呵护，怕磕碰和划痕，一旦出现损坏就很难修补，要整体更换 B. 门板时间久了容易褪色，不同条件，阳光，灯光，油烟等外界条件会令其变色，构成色差

类型		材质特点	优点分析	缺点分析
亚克力门板		100% 纯亚克力是继陶瓷之后家用建材领域内最好的新型材料，用其制成的橱柜门板不仅款式精美，经久耐用而且具有环保作用	A. 表面光滑，耐磕碰，易打理，不沾油污，表面有 2mm 厚的亚克力板，耐冲击、抗变黄，阻燃，耐变形 B. 绝缘性能优良，适合各种电器设备 C. 自重轻，比普通玻璃轻一半，建筑物及支架承受的负荷小	A. 亚克力的硬度稍显不足，和坚硬的东西接触容易产生划痕 B. 虽然颜色非常多，但是门板不可以做造型
三聚氰胺门板		将带有不同颜色或纹理的纸放入三聚氰胺树脂胶粘剂中浸泡，然后干燥到一定固化程度，将其铺装在刨花板、中密度纤维板或硬质纤维板表面，经热压而成	A. 表面纹饰清晰，色牢度好，颜色逼真，亮丽平滑，稳定 B. 耐磨、耐划，能减少因不慎磕碰而刮损的情况，这点比烤漆门板和亚克力门板好 C. 耐高温、耐腐蚀，可抵御一些厨房洗涤剂、污渍的侵蚀	A. 颜色只有亚光没有亮光，可挑选的颜色不是那么丰富，可塑性不强，不能制作任意款式门板 B. 不显档次、封边易崩边、胶水痕迹较明显、色彩较少
实木门板		实木门板分为实木复合门板和纯实木门板。纯实木门板是指边框和门芯板均为实木。实木复合门板的门芯为中密度板贴实木皮，制作中一般在实木表面做凹凸造型，外喷漆，从而保持了原木色且造型优美	A. 实木橱柜门板采用天然木材，十分环保，不含任何有害添加物和甲醛气体，对于人体和环境没有任何危害 B. 实木橱柜的材质全为纯实木质的，这种板材的橱柜质量是很有保障的。其使用的一般都是较为名贵的木材，质量上佳，还能隔热保温，吸声隔声	A. 最大的缺点就是价格贵，实木橱柜由于原料价钱高，做工工艺复杂，所以价钱昂贵 B. 实木橱柜门板由于是实木制造，保养起来也比较麻烦，不易清洁，且具有一定的助燃性 C. 易受温度及湿度的影响而变形，如果处在潮湿的环境，也会长出青苔等物质
吸塑门板		吸塑板基材为密度板、表面经真空吸塑而成或采用一次无缝 PVC 膜压成型工艺，是最成熟的橱柜材料，而且日常维护简单	A. 吸塑门板的颜色及纹理比较丰富，可选择的余地比较大，基本上可以满足不同客户对色彩的要求 B. 因为高密度纤维板的可造性，吸塑门板表面可以做成各种立体造型，能够满足不同客户对风格的不同需求。由于吸塑门板经过吸塑模压后能将门板四边封住成为一体，不需要再封边，解决了有些板材封边年久开胶和易受潮等问题	A. 因为制作工艺是热压覆，所以不可避免要出现热胀冷缩，吸塑板在冷却后会产生不同程度的向 PVC 膜方向内凹 B. 吸塑门板如果做不好，不太显档次

2. 橱柜台面

用于橱柜台面的材质不少，其中石材是比较常见的，像大理石、石英石等石材都具备一定的纹理表现，这种石材饰面板有着光滑、亮洁的表面，在厨房中是很适合的，不仅防水、防火，还有抗污、易清洁的表现。实木台面的颜值很高，但是在选择的时候最好选那种长得慢密度高的木头，价格会比较高。家里是简约风、工业风的话，不锈钢台面是不错的选择。

	类型	材质特点	优点分析	缺点分析
天然石台面		天然石经过风雨的磨砺，有着天生独特的美丽纹理以及坚硬无比的质地，主要有花岗岩和大理石这两种	A. 密度相对比较大，硬度比较高 B. 耐高温，防刮伤性能十分突出，耐磨性能良好 C. 造价也比较低，属于一种经济的台面材料	A. 长度受到一定限制，通常会以拼接的形式构成台面，但这样就会出现拼接处的不协调统一，达不到浑然一体的感觉 B. 硬度够，但强度和刚度不够，假如遇到重击或者温度急剧变化会出现裂缝等状况 C. 有细孔或者隙缝，容易嵌入脏东西，成为细菌滋生的温床
人造石台面		使用较多的橱柜台面材料，它是一种通过人工的方法，将无机矿物材料及部分辅料加有机胶粘剂混合后经搅拌、定型、干燥、切割、抛光等加工而成的具有一定强度、花色的人工石材	A. 耐酸、耐磨、耐高温，这三个特点无疑是为厨房而生的 B. 不易显脏，表面不会存在细孔，不易滋生细菌，也不会渗透水渍等 C. 可以无缝黏结，不会留下缝隙 D. 表面可以进行划痕处理，更美观	A. 高温物体不能直接或长久搁放在人造石台面上，如果出现紧急的搁置，很容易被破坏 B. 硬度不强，不容易加工，台面的造型比较单一
实木台面		实木台面纹路自然、高档美观，给人一种回归大自然的感觉，目前见得多的是白橡拼板，刷木蜡油或水性油漆	A. 实木的自然属性决定了实木台面的自然、温暖、漂亮且有品质 B. 在风格搭配上不挑剔，属于百搭的台面材料	A. 实木台面的耐磨性与耐划性都不如石材 B. 对环境要求非常高，湿度和温度只要变化异常，就容易出现干裂的现象

	类型	材质特点	优点分析	缺点分析
防火板台面		基材是密度板，表层是防火材料和装饰贴面，价格比实木要实惠，花色品种繁多，是当前市场中的主流	A. 表面具有光泽性、透明性，能很好地还原色彩、花纹等，不像其他台面比较单调，色彩匹配度比较高。 B. 质轻 、强度高、延性好、抗震能力强 C. 不易变形，色彩可长时间保持如新的状态，弹性好，不易产生裂痕	A. 耐火板不宜弯曲，在制作台面或者造型时要有所考量，要提前测量所需要的防火板的长度 B. 易被水和潮湿侵蚀，使用不当，会导致脱胶、变形、基材膨胀的严重后果
不锈钢台面		不锈钢台面光洁明亮，各项性能较为优秀。一般是在高密度防火板表面再加一层不锈钢板。比较坚固，易于清洗	A. 材质坚实，不易受到高温影响 B. 不渗漏，容易清洁 C. 不开裂，使用寿命长	A. 视觉观感让人觉得冰冷 B. 表面易产生划痕，会无法修复。会使痕迹一直留在台面上，影响美观

二、灶具

不同小区所使用的气源不同，所以应选择适合自己家气源的灶具。气源一般分为天然气、液化气、人工煤气。切记要选择对应的气源，否则在使用时会有安全隐患。

灶具火力的大小是衡量一台灶具好坏的重要指标。一般灶具品牌的面板底壳都有名牌标识，主流品牌的热流量一般在 3.8~4.2kW ，可以根据个人烹饪方式来选择。

灶具的面板材质分为三类，分别是不锈钢、钢化玻璃、陶瓷。这三种材质都是比较好清洁的。钢化玻璃面板是一种新型的材料，只要定期做到清理灶圈上的杂质，以免出现火孔堵塞。不锈钢面板耐热性强，也比较容易清洁。目前灶具的面板结构有敞开式、半封闭式、全封闭式，一般全封闭式结构比其他两类结构容易清洗。

△ 不锈钢面板灶具

△ 钢化玻璃面板灶具

△ 陶瓷面板灶具

三、水槽

　　一般来说，选择材质是选择水槽的第一步，且材质不同各有优点和不足，目前国内主流的水槽材质依旧是不锈钢材质。其次是人造石，比如石英石，花岗石。还有陶瓷材质的水槽。

类型	材质特点	优缺点分析
不锈钢水槽	不锈钢水槽是目前最主流的材质，根据表面工艺的不同，可以有珍珠银、磨砂拉丝、丝光、抛光等多种选择	优点是自重轻易于安装，耐磨耐高温耐潮湿；不吸油不吸水，不藏垢且不易腐蚀，不产生异味。可以加工出各种形状 缺点是长期刮擦容易在表面留下划痕。此外，不锈钢水槽在平时使用中还容易产生噪声
人造石水槽	人造石是人工复合材料的一种，由 80% 的纯正花岗岩粉与 20% 的烯酸经过高温加工成型。可以分为人造石英石和花岗石两种。和常见的不锈钢水槽相比，它们的价位更高	优点是具有牢固、时髦、色彩丰富、清洁简单、耐高温、耐冲击、防噪声、可塑性强、气质温和的特点 缺点是锋利的硬物刮擦容易划伤表面和破坏光洁度，且它的使用寿命一般要小于不锈钢
陶瓷水槽	陶瓷水槽一般都是一体成型烧制而成的。可以采用整体嵌入的方式，虽然比石材质轻，但是比不锈钢质重，在选择的时候要考虑橱柜的承重能力	优点是易清洁、耐老化、耐高温，并且可以长期保持光洁如新的表面，污迹不易黏结 缺点是在于质量过于笨重，承受不了重物硬碰，并且与硬物刮擦容易损伤表面，如果水渗入陶瓷内部，也容易造成膨胀变形

　　水槽作为一种立体式厨房用品，各种尺寸需要牢记于心。水槽的横向长度和水槽中盆的数量有关，盆越多或者带翼，都会加长水槽的长度。一般来说单盆在 430mm 左右，双盆在 800mm 左右，三盆一般都要在 1000mm 左右。实际横向长度需根据水槽设计来看，这只是个参考尺寸。

纵向长度取决于橱柜台面的纵长，买水槽之前要先量好台面纵长。一般来说，水槽纵长小于台面纵长 120mm 左右是最合适的尺寸。水槽与台面边缘太宽既不美观操作也不方便；太窄的话当水池满载水时台面有不能承重的断裂风险。

至于水槽深度，因为国内一般使用的餐具是比碟盘之类更厚的碗具，所以水槽深度会比欧美的略深一点。180~200mm 的深度是最为合适的，容量大且可防水溅出。但水槽并非越深越好，从实用角度出发，深度过大并不好操作。

△ 水槽深度一般在 180~200mm 是最为合适的

四、水龙头

材质类型		材质特点
铜质水龙头		是水龙头常用的材料，耐用、抗氧化、对水有杀菌作用，不过铜质水龙头含铅，是一种有害健康的金属，所以铜质水龙头对含铅量是有严格的标准的
不锈钢水龙头		不锈钢分为 201 不锈钢和 304 不锈钢，在选择时最好要选择 304 不锈钢的水龙头，它不生锈不含铅，不会对水源产生二次污染，但是因为 304 不锈钢的制作加工难度较高，所以价格也高
陶瓷龙头		陶瓷水龙头具有不生锈，不氧化、不易磨损的优势。陶瓷水龙头外观美观大方，因为外壳也是陶瓷制品，所以更能与卫浴产品相搭配

水龙头的手柄主要分为：螺旋式、单柄、双柄、带 90° 开关。螺旋式的水龙头手柄具有出水量大，价格实惠，维修简单的特点；单柄的水龙头操作简便，结构简单，因为单柄水龙头开启和关闭水龙头的瞬间，水压会迅速升高，所以选购单柄的水龙头要选择铜含量高的；双柄水龙头可以适合更多的场合，像台下盆龙头、按摩浴缸的缸边龙头等，同时双柄水龙头在调节水温时更加精准和细腻，适合对温度敏感的人；带 90° 开关水龙头是在启动和关闭时旋转手柄 90° 即可，分冷热水两边进行调节，其特点是开启方便，款式也比较多。

最好选购拥有起泡器的水龙头。因为起泡器具有节水、防止水流溅水和水质过滤作用，选购时可以打开水龙头，水流柔和且发泡（水流气泡含量）丰富说明起泡器质量较好。

影响水龙头质量最关键的就是阀芯。常见的阀芯有三种：陶瓷片阀芯，不锈钢球阀芯和轴滚式阀芯。其中陶瓷阀芯因为耐磨性好、密封性能好，受到广泛的应用。

水龙头的电镀不仅影响一款水龙头的美观，也直接决定了水龙头防蚀防锈能力的好坏。目前，水龙头电镀厚度的国际标准是 8mm，最好的可达 12mm。质量好的水龙头一般是采用在精铜本体上镀半光镍、光亮镍和铬层三层电镀的。

△ 水龙头要注意表面的光泽度，手摸时无毛刺、无气孔、无氧化斑点等为优

在选购水龙头的时候，很多商家是配有进水软管的，对于进水软管，要先量一下家里角阀到水龙头安装孔的距离，确定一下软管需要多长才够用。其次要检查一下软管的质量，把软管弯曲打一个结，或者折断几个地方，软管如果反弹得好没有损伤是质量比较好的，如果被折过后不能反弹，像断了一样的软管质量是很差的。

五、洗脸盆

材质类型		材质特点
玻璃洗脸盆		玻璃材质的洗脸盆会呈现一种亮晶晶的质感，加上独特的纹理不仅能产生夺人眼球的光影效果，还能在浴室中带给人高级的感觉，缺点是易碎而且不耐高温
大理石洗脸盆		大理石是天然材质的代表，但是天然石材的洗脸盆会渗水，此时污迹就很容易随着水分渗透到石面内部，使用体验不是很好
陶瓷洗脸盆		陶瓷材质的洗脸盆在市场上的占有率在八成以上，优点就是易清理、抗磨损和比较耐用，同时款式也较为丰富。不足之处是容易爆裂或者产生挂脏现象
不锈钢洗脸盆		比较有现代的时尚感，而且清洗起来也比较容易。不过，由于制造洗脸盆的钢材通常会经过磨砂和电镀等工艺，所以它的售价普遍偏高。但是它的性价比较低，很容易被刮花

从安装方式上可分为台式洗脸盆、立柱式洗脸盆和壁挂式洗脸盆。台式洗脸盆又分为台上盆和台下盆两种。台下盆安装是洗手盆中最常见的形式之一，为防止洗漱时水花肆意外溅，所以它的水槽是嵌在台面之下。台上盆的盆体设计是置于台面上方的，样式特别多，造型也比较多样化，如果是小户型，想让卫浴间更加大气，适合选择台上盆。柱式洗脸盆非常适合空间不足的卫生间安装使用，其立柱具有较好的承托力安装在卫生间可以起到很好的装饰效果。壁挂式洗脸盆顾名思义就是采用悬挂方式在卫生间墙壁上安装的脸盆，是一种非常节省空间的洗脸盆类型。

如果从美观性和使用安全性考虑，那台盆的台面长度至少大于 75cm，宽度则要大于 50cm。如果想选择挂盆就需要检测墙体是否是承重墙，并且墙体的厚度必须在 10cm 以上才能选择这种脸盆。

△ 台式洗脸盆

△ 立柱式洗脸盆

△ 壁挂式洗脸盆

六、马桶

　　马桶的款式多种多样，购买时可以亲自坐在样品上体验一下，看看坐在上面舒不舒服，两脚弯曲是否合适，一切都是为自己日常使用方便。

　　马桶的冲水方式很重要，推荐喷射虹吸式，因为其噪声小，去污力强，且坑内视觉较好。可以找一个烟头扔进去，能够一下就冲下去，而且声音不大，说明去污能力强。

　　智能坐便器的盖板一般用 ABS 材料，普通坐便器盖板一般有两种，一种是 PP 材料，另外一种是 UF 脲醛材料。PP 盖板比较普通常见，价格便宜，耐用不容易断裂，脲醛盖板用多久都不会变色，但是脲醛盖板比较脆，不耐摔而且价格比较贵。选择盖板时有两点需要注意，首先是选择带缓冲的盖板，这种盖板会慢慢地落下，不会砸到马桶发出很响的声音，这样也能很好地保护盖板。其次不要购买那种安装麻烦的盖板，毕竟盖板的寿命比马桶要短很多，用坏了还要更换新的，容易安装的盖板更方便。

　　坐便器上另一个容易坏的就是水件。打开水箱的盖子，先用手晃动一下水件，看看水件安装是否紧凑，再动一动连接杆，看看连接部分活动是否灵敏可靠，然后用手按一下水件按钮，感觉一下往下按是否顺畅，按钮回弹是否正常，这些都是判断一个水件好坏的标准。

　　对于马桶的釉面有几点需要注意，首先是仔细看清楚表面是否有补釉，补釉的地方跟其他地方的颜色会有一些差别。补釉的马桶属于次品，釉面不耐用，时间久了可能会出现釉面掉落现象。其次用手摸一下排污管道，看看管道是否有施釉，全施釉的管道内壁光滑，排污效果好，如果感觉管道内壁比较粗糙，有凹凸不平的颗粒，这种容易卡住污物和卫生纸，要谨慎购买。

△ 由于马桶的特殊使用功能，最好请专业的安装人员进行安装工作，以免因为安装不当而影响日后的生活

类型	特点
壁挂马桶	挂在墙上，下面是不落地的。优点是好看，并且马桶下面好清洁。缺点是墙里要嵌入水箱，需要一面 12cm 左右厚度的矮墙，会占用很多空间
分体式马桶	水箱和马桶是分开浇注的，浇注完再组装上，由于浇注难度低，所以成本会很便宜，同时质量也更可靠
连体马桶	水箱和马桶是一体浇注的，难度高，但是外观上更好看一些，因此会更贵一点
隐藏水箱式马桶	只是把水箱做得小一点，和马桶一体化，藏在里面。这种马桶会比较好看，但是冲水效果没有大水箱好
无水箱马桶	绝大多数是智能一体化马桶，没有水箱，只能用基础水压去冲马桶，需要用电能去冲

七、浴室柜

从安装形式来说，浴室柜主要有落地式和挂墙式两种。落地式适用于干湿分离、空间也较大的卫浴间；挂墙式节省空间、易于打理、清除卫生死角，但要求墙体是承重墙或者实心砖墙。

此外，还要根据卫浴间面积的不同，选购规格大小适宜、性价比高的浴室柜。如果卫浴间的空间较小，可以选择储藏空间大、收纳功能齐全的浴室柜，如与镜面结合的单柜、橱柜等，既不影响原有空间，又能充分利用空间。

浴室柜的台面是接触外界和受磨损最多的地方，因此浴室柜台面一定要选择质地坚硬、不容易损坏的材质。钢化玻璃、大理石、人造大理石等都是不错的选择。

从材质来看，浴室柜分为实木浴室柜、PVC 浴室柜、不锈钢浴室柜、亚克力浴室柜等。目前市面上热卖的主要是 PVC 浴室柜和实木浴室柜。

材质类型		材质特点
实木浴室柜		经过多道防水工序和烤漆工艺加工而成，防水性能很好。但实木浴室柜在过于干燥的环境下容易干裂，需要用较潮湿的棉布擦拭保养
PVC 浴室柜		PVC 板材防水性能极好，抗高温、耐擦耐划、易清理。并且烤漆的颜色鲜艳、光泽度佳。但在受到重力时会产生受力变形，所以这类柜体一般所承受的台盆体积和重量较小
不锈钢浴室柜		不锈钢浴室柜防潮、防霉、防锈的效果不错。但受材质限制，不锈钢柜体单薄，且容易变暗，失去原来的光彩
亚克力浴室柜		防水性能极好，但其本质较脆，容易产生划痕和裂痕

八、浴缸

在选择浴缸的时候，首先要考虑的是品牌和材质，这通常是由购买的预算来决定的；其次是浴缸的尺寸、形状和龙头孔的位置，这些要素是由浴室的布局和客观尺寸决定的；最后还要根据自己的兴趣和喜好选择浴缸的款式和舒适度。

浴缸种类繁多，在用料和制作工艺上各不相同，材料主要以亚克力、钢板、铸铁为主流产品，其中，铸铁档次最高，亚克力和钢板的次之，陶瓷作为过去浴缸材料的绝对主流，现在市场上几乎已经看不到了。

材质类型		材质特点
亚克力浴缸		成本相对较低，造型多，重量轻，表面光滑，家有老人小孩最好搭配防滑垫使用；耐压差、不耐磨、表面容易老化
铸铁浴缸		铸铁浴缸表面覆着搪瓷面，使用的时候噪声小，使用耐久，方便清洁；缺点是重量大，运输成本高
实木浴缸		就是平时常见的实木泡澡桶，大多用橡木，好一些的用柏木。保温较好，但价格稍高，如果养护不当，容易漏水变形
钢板浴缸		使用寿命比较长，成本价格在 3000 元左右，是传统型的浴缸。性价比较好
按摩浴缸		水流可以从不同角度喷射，力度和方位不同，水流按摩效果也不同。价格较高，基本价格在 10000 元左右

浴缸的大小要根据浴室的尺寸来确定，如果确定把浴缸安装在角落里，通常说来，三角形的浴缸要比长方形的浴缸多占空间。如果浴缸之上还要加淋浴喷头，浴缸要选择稍宽一点的，淋浴位置下面的浴缸部分要平整，且应经过防滑处理。尺码相同的浴缸，其深度、宽度、长度和轮廓也并不一样。如果喜欢水深点，溢水出口的位置要高一些，如果过低，水位一旦超过了这个高度，水就会从溢水口向外流，浴缸的水深很难达到要求的深度。家中有老人或伤残人，最好选边位较低的，还可以在适当位置安上扶手。

如果要买有裙边的，一般是单面裙边的，要注意裙边的方向。要根据下水口和墙壁的位置，确定选左裙还是右裙的。如果买错了，就无法安装。

△ 直接把浴缸放在地面上的方式安装很容易，而且方便检修，但只适合面积较大的卫浴间

△ 墙安装浴缸可以节省大量的空间，适合卫浴间面积比较小的家庭

九、淋浴房

淋浴房可以分为一字形淋浴房、方形淋浴房、钻石形淋浴房、弧形淋浴房等，一字形淋浴房通常是把一整面墙的空间来作为淋浴区，内部空间充足。因为三面都是墙，节省材料，价格也相对便宜，比较省钱。长条形的卫浴间通常采用一字型淋浴房。方形、钻石形、弧形淋浴房通常是利用一个墙体角落作为淋浴区，空间可大可小，尤其弧形淋浴房最适合小户型卫浴间。不过，做工相对复杂，用到的玻璃、五金件也较多，价格上也比较昂贵。但不管哪种类型的淋浴房，都要注意宽度要在 900mm 以上，这样使用起来才不会拥挤。

△ 方形淋浴房

△ 钻石形淋浴房

△ 弧形淋浴房

△ 一字形淋浴房

细节	选购方法
玻璃	淋浴房的玻璃要选择 3C 认证标志的钢化玻璃，抗冲击力强，不易破碎。考虑到爆裂的危险，可以在淋浴房的玻璃上加一层防爆膜，这样膜可以把碎玻璃粘住，不会割伤人。常见的淋浴房玻璃厚度有 6mm、8mm、10mm 三种。造型不一样，需要的厚度也不同。弧形淋浴房选择 6mm 的厚度就可以，方形淋浴房、钻石型淋浴房、一字型淋浴房可以选择 8mm 或 10mm 厚的玻璃
五金件	淋浴房的五金主要有滑轮、铰链、合页，质量好的五金，滑动、开关要顺畅，声音小，稳定性好。不好的五金件，推拉费劲，牢固性差
门吸胶条	门吸胶条是为了防止玻璃碰撞自爆，同时也是为了避免淋浴时水漏到干区。建议选择 PVC/EVA 胶条，密封性强、防水性能好
挡水条	用来拦截地面水，防止流到干区。常见材质有人造石和塑钢石，安装方式分为预埋式或地上式，其中地上式更换比较方便

淋浴房门分为平开门和推拉门，平开门会占用室内空间，对于其他洁具位置有要求，布局不合理的话，容易碰到马桶和浴室柜。推拉门节省空间，但是用到的五金件更多，耐用度比不上平开门。选择哪种开门方式，还是要根据卫浴间里的物品摆放来决定。如果卫浴间的空间小，建议使用推拉门。如果卫浴间面积大，两种开门方式都可以选择。

△ 平开门方式

△ 推拉门方式

十、地漏

普通的地漏一般都包括地漏体和漂浮盖。地漏体是指地漏形成水封的部件，主要部分是储水弯，由于目前许多地漏防臭主要是靠水封，所以该构造的深浅、设计是否合理决定了地漏排污能力和防异味能力的大小。漂浮盖有水时可随水在地漏体内上下浮动，许多漂浮盖下另外连接着钟罩盖，无水或水少时将下水管盖死，防止臭味从下水管中反倒室内。

地漏一般有铜和锌合金、不锈钢等材料，铜也分为两种，一种是镀铬铜，一种是原铜色的。铜质的建议选购镀铬地漏，耐腐蚀和耐氧化性能好一些，另外由于铜遇强酸会产生铜绿反应，选择镀铬也能减少这种情况的发生。不锈钢材质的建议选择304不锈钢，不易生锈，耐腐蚀性能好一些，但是如果是海边地区，则不建议使用，会生锈得比较快。仿古铜的在外观上比较好看，价格比较贵，虽然性价比不高，但是因为具有一定的装饰性，也会赢得一部分业主的喜爱。比较高端一点的仿古铜，一般是黑镍的或者是棕色的。

房地产商在交房时排水的预留孔都比较大，需要装修人员予以修整。许多业主是在装修的最后根据修整过的排水口尺寸去选购地漏，但市场上的地漏却全部是标准尺寸，所以选不到满意产品的情况时有发生。因此业主应在装修的设计阶段就先选定自己中意的地漏，然后根据地漏的尺寸去施工排水口。另外地漏算子的开孔孔径应控制在6~8mm之间，防止头发、污泥、沙粒等污物进入地漏。

△ 铜地漏

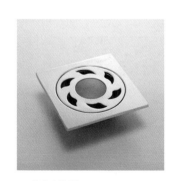

△ 锌合金地漏

△ 不锈钢地漏

在选择地漏的时候还应依据使用地点的不同来确定。如果是卫浴间使用的地漏，就一定要选用排水量大的。如果是洗衣机使用的地漏，那么最好能在出水口安装缓冲器，让瞬间水压变小一些，而且要选用洗衣机专用地漏。

照明设备

一、白炽灯

白炽灯是常用的照明器具，它是将灯丝通电加热到白炽状态，利用热辐射发出可见光的电光源。白炽灯的灯泡外形有圆球形、蘑菇形、辣椒形等，灯壁有透明与磨砂两种，底部接口多为螺旋形，接口有大、小两种规格。常见的白炽灯的功率有5~60W 不等，灯罩价格为 15~20 元 / 个，25W 白炽灯灯泡的价格为 3~5 元 / 个。

△ 白炽灯

检查内容	选购方法
灯泡外观	灯泡外壳圆而光洁，无气泡、砂眼及明显的划痕，商品标识印字清晰
灯泡灯芯	钨丝无发黑等明显氧化现象，灯芯端正，钨丝钩或钨丝排列是否均匀，摇动后是否有挂丝现象
灯泡灯头	挂口是否有明显划伤，螺栓口有无生锈现象。螺口灯泡锡焊点的高度和大小应适当（直径约 3mm），无虚焊、漏焊，插头灯泡的灯头与外壳无粘连，绝缘良好

二、荧光灯

荧光灯可分为传统型荧光灯和无极荧光灯两大类。具有耗电少、光感柔和、大面积泛光功能性强、使用寿命长等特点。

传统型荧光灯就是低压汞灯，也就是平时常见的日光灯，属于低气压弧光放电光源。传统型荧光灯又可以分为标准型和紧凑型两种类型。标准型荧光灯也称直管形荧光灯，常见的灯管有三基色荧光灯管、冷白日光色荧光灯管和暖白日光色荧光灯管三种。紧凑型荧光灯是由灯头、电子镇流器和灯管组成，其主要部件都集中在相对狭小而紧凑的区域，从而使其外形相对于传统型荧光灯显得更加小巧。并且这种灯泡内部的荧光粉通常采用的是稀土三基色荧光粉，反光效率远高于白炽灯，所以又被人称为节能型荧光灯。

△ 荧光灯

检查内容	选购方法
灯管上的标识	正规的标识应注明灯具生产厂家或产品商标，以及电压、功率和生产日期等基本信息，并且与外包装标识相符
外观	环形荧光灯的外观应光滑整洁，玻壳上没有毛刺，没有气泡或杂质，玻管内的荧光粉应分布均匀、厚薄一致、色泽白亮
灯头固定性	环形荧光灯灯头的固定部分应不易拉开，受力时不易脱落，并具有一定的耐热性
灯头插脚和引线	荧光灯的插脚应焊接牢固，能顺利地插入灯座，从插脚中伸出的引线不应太凸出，灯头各插脚的距离也不应太小，否则容易产生漏电等问题
摇晃灯管有无响声	在购买荧光灯管时可以轻晃环形荧光灯管，听听有没有声响，如果有就不要购买这种产品

三、LED 灯

LED 灯是传统光源使用寿命的 10 倍以上。同样瓦数的 LED 灯所需电力只有白炽灯的 1/10，因此 LED 灯具的出现，极大地降低了照明所需要的电力。

LED 灯的照射面所发出的热量、紫外线、红外线较少，适合用来照射容易受到这些物质影响的美术品或生物。灯泡色的 LED 灯稍微带有红色的光，颜色给人柔和和温暖的感觉；昼白色 LED 灯的灯光颜色如太阳光一般，可以营造出爽朗且适合活动的气氛。

△ LED 灯

选购 LED 照明灯具之前，首先要考虑使用环境对亮度的需求，如果是家庭装修使用，就需要选择光线较柔和，亮度舒适的 LED 照明灯具。因为静电对 LED 芯片的伤害是非常大的，所以拥有较高的抗静电能力，LED 照明灯具的寿命才能够得到保障。漏电电流也是一个比较重要的参数，所谓漏电电流就是 LED 反向导电时的电流，建议选择漏电电流小一点的 LED 照明灯具。LED 发光角度对 LED 灯具的影响极大，对不同的灯具要求很大，像 LED 日光灯建议使用 140°~170° 发光角度。LED 晶片是 LED 照明灯具的核心部位，其质量好坏直接影响了 LED 照明灯具的发光质量和使用寿命，不同品牌之间的价格相差很大，所以根据实际需求选择合适的 LED 晶片很重要。

△ LED 灯光源体积小，固态发光，其装饰性和制造情调的功能在家居空间中表现得淋漓尽致

四、射灯

射灯是一种高度聚光的灯具，属于指向性光源。它采用卤素灯或 LED 灯作为发光体，外罩导光灯杯，即它的光线照射具有可指定目标。通常，射灯的光束角也有很多选择，有 15°、30°、45°、60°、120°、180° 等角度。光束角越小，聚光效果越好，光线越"硬"，反之光线越泛、越柔和。

△ 利用两排射灯作为电视墙和沙发区域的重点照明

△ 导轨射灯的特点是可按需移动灵活照明

检查内容	选购方法
驱动质量	优质射灯的驱动一般是厂家自产，性能强、质量有保障；而劣质射灯一般由生产能力有限的小厂生产，驱动一般采购成品驱动，质量也有好有坏
芯片质量	芯片直接影响射灯亮度、寿命、光衰等，和驱动有相同的重要性。一般来说，国产大品牌和进口的质量比较靠谱
产品外观	优质射灯外观光洁，没有明显毛刺及刮痕，用手摸表面，没有明显的刺手感；晃动灯泡、内部无异响
灯体质量	常见的射灯灯体材质有金属、PVC、陶瓷等。从散热的角度来考虑，通常建议选择金属和陶瓷的，但是成本也相对较高
灯罩质量	优质射灯灯罩材质为陶瓷，这种材质可使灯具发光产生的热量快速散发出来，延长灯具的使用年限，避免高温导致灯具损坏

五、水晶灯

　　水晶灯起源于欧洲十七世纪中叶洛可可时期。当时欧洲人对华丽璀璨的物品及装饰尤其向往和追求，水晶灯便应运而生，并大受欢迎。水晶灯是指由水晶材料制作成的灯具，主要由金属支架、蜡烛、天然水晶或石英坠饰等共同构成。由于天然水晶往往含有横纹、絮状物等天然瑕疵，并且资源有限，所以市场上销售的水晶灯通常都是使用人造水晶或者工艺水晶制作而成的。

△ 水晶灯是表现空间轻奢气质的首选

△ 璀璨耀眼的水晶灯衬托出法式风格的华贵典雅

检查内容	选购方法
水晶灯镀金层	首先要看一下水晶的镀金层，一般质量好的水晶灯的金属配件大多都是24K金的，可以好几年不变色，并且不会出现生锈的情况。但是如果是质量比较差的水晶灯使用一段时间之后，就会失去光泽
水晶灯支架	一般质量好的水晶灯支架的质量通常也较好，而质量比较差的水晶灯支架容易出现锈斑。在购买时可以仔细检查一下，如果有生锈的迹象，应慎重购买
水晶纯度	注意观察每个水晶球的纯度和切割面，检查内容包括水晶球是否有裂纹、是否存在气泡，切割面是否平整光滑等
垂饰规格	质量好的水晶灯，水晶球的大小必须要统一，而垂饰的规格也应均匀分布。一些伪劣水晶灯容易出现垂饰磨损、大小不一的情况

六、铜灯

铜灯是指以铜为主要材料的灯具，包含紫铜和黄铜两种材质。铜灯是使用寿命最长久的灯具，处处透露着高贵典雅，非常适用于别墅空间。从古罗马时期至今，铜灯一直是皇室威严的象征，欧洲的贵族们无不沉迷于铜灯这种美妙金属制品的隽永魅力中。

目前欧式铜灯是主流，它吸取了欧洲古典灯具及艺术的元素，在细节的设计上沿袭了古典宫廷的特征，采用现代工艺精制而成。欧式铜灯非常注重灯具的线条设计和细节处理，比如点缀用的小图案、花纹等，都非常的讲究，除了原古铜色之外，有的还会采用人工做旧的方法来制造时代久远的感觉。欧式铜灯在类型上分别有台灯、壁灯、吊灯等，其中吊灯主要是采用烛台式造型，在欧式古典家居空间中较为多见。

△ 欧式风格铜灯带有古典宫廷的特征

△ 轻奢风格铜灯的线条更为简洁

类型	选购重点
欧式铜灯	对于欧式风格来说，铜灯几乎是百搭的，全铜吊灯及全铜玻璃焊锡灯都适合
美式铜灯	主要以枝形灯、单锅灯等简洁明快的造型为主，质感上注重怀旧，灯具的整体色彩、形状和细节装饰无不体现出历史的沧桑感
现代铜灯	可以选择造型简洁的全铜玻璃焊锡灯，玻璃以清光透明及磨砂简单处理的为宜
新中式铜灯	应用在新中式风格的铜灯往往会加入玉料或者陶瓷等材质

纯铜塑形很难，因此很难找到百分百的全铜灯，目前市场上的全铜灯多为黄铜原材料按比例混合一定量的其他合金元素，使铜材的耐腐蚀性、强度、硬度和切削性得到提高。从而做出造型优美的铜灯。

七、铁艺灯

　　传统的铁艺灯基本上都是起源于西方，在中世纪的欧洲教堂和皇室宫殿中，因为最早的灯泡还没有发明出来，所以用铁艺做成外壳的铁艺烛台灯绝对是贵族的不二选择。随着灯泡的出现，欧式古典的铁艺烛台灯不断发展，依然采用传统古典的铁艺但是灯源却由原来的蜡烛变成了用电源照明的灯泡，形成更为漂亮的欧式铁艺灯。

　　铁艺灯的主体是由铁和树脂两个部分组成，铁制的骨架能使它的稳定性更好，树脂能使它的造型更多样化，还能起到防腐蚀、不导电的作用。铁艺灯有很多种造型和颜色，并不只是适合于欧式风格的装饰。有些铁艺灯采用做旧的工艺，给人一种经过岁月的洗刷的沧桑感，与同样没有经过雕琢的原木家具及粗糙的手工摆件是最好的搭配，也是地中海风格和乡村田园风格空间中的必选灯具。

△ 铁艺烛台灯

△ 铁艺鸟笼灯

八、陶瓷灯

陶瓷灯是采用陶瓷材质制作成的灯具，分为陶瓷底座灯与陶瓷镂空灯两种，其中以陶瓷底座灯最为常见。陶瓷灯的外观非常精美，目前常见的陶瓷灯大多都是台灯的款式。因为其他类型的灯具做工比较复杂，不能使用瓷器。

类型	特点
中式陶瓷灯	做工精细，质感温润，仿佛一件艺术品，十分具有收藏价值，其中新中式风格的陶瓷灯往往带有手绘的花鸟图案，装饰性强并且寓意吉祥
美式陶瓷灯	表面常采用做旧工艺，整体优雅而自然，与美式家具相得益彰

△ 金属底座陶瓷台灯

△ 青花陶瓷台灯

九、木质灯

　　木质灯从材质角度比金属、塑料等更环保。在灯具制造中所用到的木质原料，除了源于大自然以外，还有部分是经由人们后天加工生产的，但木质本身的花纹基本上被保留了下来。由于具有自然的风格，木质灯很适合用在卧室、餐厅，让人感到放松、舒畅，给人温馨和宁静感。如果是落地灯，还可以在灯上装饰一些绿色植物，既不干扰照明，还增添了自然的气息。

　　北欧风格清新且强调材质原味，适合造型简洁的原木灯具。日式风格家居常以自然材质贯穿于整个空间的设计布局中，在灯具上也是如此。简约的实木吸顶灯，能让空间更显清雅。自然恬淡是日式木质吸顶灯设计的主要特点。在颜色上保持着木质材料的原有色泽，并不加以过多的雕琢和修饰。此外，还可以尝试一下工业风格，例如把灯泡直接装在木头底座上。

△ 木质灯有自然环保的特点，让人感到放松和舒畅

△ 木质落地灯

十、玻璃灯

以玻璃为材质的灯具有着透明度好、照度高、耐高温性能优异等优点。玻璃灯的种类及形式都非常丰富，因此为整体搭配提供了很大的选择范围。

如果是单纯作为室内照明，可选择透明度高的纯色玻璃灯，不仅大方美观，而且也能提供很好的照度。如需利用玻璃灯作为室内的装饰灯具，则可以选择彩色的玻璃灯，不仅色彩丰富多样，而且能为空间制造出纷繁却又和谐统一的氛围。

玻璃灯常见的有彩色玻璃灯具和手工烧制玻璃灯具。手工烧制玻璃灯具通常指一些技术精湛的玻璃师傅通过手工烧制而成的灯具，业内最为出名的就数意大利的手工烧制玻璃灯具。彩色玻璃灯是用大量彩色玻璃拼接起来的灯具，其中最为有名的就数蒂芙尼（Tiffany）灯具。

△ 手工烧制玻璃灯具

△ 多头玻璃吊灯

△ 魔豆灯

△ 彩色玻璃灯

△ 蒂芙尼灯具

蒂芙尼灯具是指专门使用彩色玻璃制作而成的灯具，且必须按照灯饰的模具图案来进行制造。蒂芙尼灯具的风格较为粗犷，风格与油画类似，最主要的特点是可制作不同的图案，即使不开灯都仿佛是一件艺术品。

3

户型改造

家居装修从入门到精通
施工实战指南

格局改造

一、不规则户型改造

有一部分公寓房或多或少都会存在户型不规则的缺陷。如果业主买到了这样的住房，面对着先天不足的情况，就要通过装修来弥补房屋的缺陷，不放过任何空间死角，将空间利用率发挥到极致。

对于不规则户型的改造，大部分业主都会选择砸墙。其实大可不必如此。如果不影响空间利用率，就不用做如此大费周章的改动。实际操作中，不妨通过合理的小改动，将房间边边角角的空间都利用上，也能增加不少储藏空间。不过，所有的改造都要结合户型情况和业主自身的使用习惯。

△ 利用不规则的角落空间定制洗手台，将空间利用率发挥到极致

△ 根据不规则的户型结构定制相应造型的家具是现代设计中常用的手法

二、门洞移位的处理

　　房间的结构在装修前就基本固定了，但有时为了追求设计效果，需要将门洞移位，这关系到房屋的安全问题，施工时要特别注意。在施工前要先确认新门洞的位置是否有柱等混凝土结构。如果有，则不能将门洞移到此处。新门洞处常用过梁。过梁分为砖砌和钢筋混凝土等两种。砖砌过梁适用于地基土质较好、不需抗震设防的一般建筑物，而装修时通常使用钢筋混凝土过梁。

户型改造前

厨房门对着卫生间门，传统观念上属于不利的格局

户型改造后

厨房门和卫生间的门洞同时改变了方向，巧妙规避不利格局

三、入户花园改造

　　如果入户花园的面积在 $10m^2$ 或者以上，具有足够大的空间和方正的结构特点，可以将其改造设计成独立的餐厅、小客厅等。这类入户花园改造主要体现在两个方面，一是增加功能性区域，二是让房屋的整体装修设计更具层次性。例如可以抬高客厅、厨房等空间，和入户花园形成一个落差，用台阶进行划分，把入户花园改为餐厅空间。如果入户花园本身是下沉式的，就可以直接设计台阶。这样就可以让房屋的整体装修设计立体化。

　　如果入户花园的墙体非承重墙，就可以把入户花园和外部之间的墙敲掉一半。花园太狭窄的话，可以全部敲掉。做好隔断以后，花园就变成了一个新的功能区，然后再根据实际需要做出调整。这一改造就是在不破坏房屋整体布局结构的前提下，利用入户花园，扩大房子的使用面积。

四、打通阳台并入客厅

是否打通客厅和阳台，要根据不同户型和不同需求决定。对于客厅面积足够开阔的户型来说，客厅的阳台建议尽量安装一个推拉门，这样更具实用性，不仅可以保证空间的私密性、安全性，还可以阻挡灰尘，保温性能也能得到有效保障，使用空调制冷的时候效果也会更好。如果家里只有一个阳台或阳台离客厅太远，打通阳台显然不是明智的选择。考虑到生活与休闲相结合，可以将开放式阳台进行改造，增加推拉玻璃窗，形成专用的空间，比如洗衣房、储物间等。而对于一些客厅面积不大的双阳台户型，如果条件允许，例如内墙并非承重墙等，可以考虑打通连接客厅的阳台，这样可以使客厅空间感大大增强，还能增加采光面积，如果觉得私密性不够，可以在客厅阳台之间装个窗帘作为隔断。

△ 与客厅相邻的阳台被打通后并入其中，增加公共活动空间

打通阳台也会带来一些问题，比如隔声效果变差。如果房子地处繁华的市区或是附近噪声源较多的区域，打通阳台后可以使用隔声窗，能在一定程度上减少噪声污染。如果是北方地区，将阳台打通很容易降低室内的温度，要特别注意选择合适的密封窗，并建议采取一些保暖措施，增加保温板，这样才可以保证阳台的温度不会影响到室内整体温度。

△ 打通阳台改造而成的小书房

五、飘窗改造

◎ 飘窗改造成储物区

小户型空间小、储物空间不足，利用飘窗增加储物柜是最为常规的做法。飘窗区域增加柜子有两种情况：一种是把飘窗全部变成储物区，把平时的换季衣服、棉被等统统塞进去。也可以在飘窗上边加一层抽屉柜，用来收纳房间里的零碎物品。还有一种是在飘窗外部增加储物区，空间允许的情况下，可在飘窗的四周墙面做储物柜。一方面扩大飘窗的台面面积，另一方面可以制造出丰富的储物空间。

◎ 飘窗改造成书房

没有多余的居室可以用作书房，可根据飘窗的尺寸改造成一个小书房。可以量身定做一个飘窗型的书桌台面，这样不仅让飘窗具备了书桌的功能，而且由于少了桌脚的设置，能让书房空间显得更加简洁通透。此外，还可以在拐角处打造电脑桌、书架以及书柜等书房家具，让书桌型飘窗的功能性以及设计感显得更加丰富。

△ 飘窗改造成储物区

△ 飘窗改造成书房

◎ 飘窗改造成休闲区

如果对飘窗的储物功能要求不高，主打休闲功能时，将飘窗改为休闲区是比较常见的。只需要一方矮几、几个抱枕，可以把这里打造成平日饮茶聊天的好去处。还可以给飘窗定做舒适的坐垫，随时都可以坐在这里饱览窗外美景。此外，利用飘窗的一个内侧，增加简单的墙面多层搁板，让休闲空间同时有一定的置物功能，更为实用。

△ 飘窗改造成休闲区

 需要注意的是飘窗如果是钢筋混凝土浇筑而成的，具有辅助承重功能，如果将钢筋切断，会破坏主体结构，所以绝对不能拆；如果飘窗是用砖砌成的，并不承担承重功能，就可以敲掉。飘窗改造一定要先提前询问物业，切忌私自拆除。

六、利用层高搭建跃层

　　首先必须有足够的层高。一般来说，新建跃层的楼板下缘与原一层的楼板下缘相平。单层的跃层楼板的下缘不低于2.6m。阁楼楼板与屋顶的内净高不低于2.4m，最低不低于2.2m。这是以有人员居住为前提的。如果上一层是不住人的，那么可以随意定夺高度。此外，上一层最短的两边的跨度不得太大。在使用槽钢搭建的情况下，一般不宜超过4m，最大不得超过6m。

△ 搭建跃层的设计方案

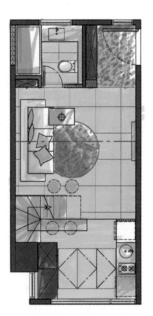

△ 一层平面图

△ 利用层高搭建的二层平面图

七、客厅和卧室的位置对调

客厅采光不佳，可以在原有户型的基础上进行改造，比如把客厅和卧室调换位置。

改造时首先需要注意的是卧室与客厅的面积，是否能达到日常生活使用的标准。一般来说，以客厅的使用尺寸为先，客厅中的沙发墙长度不超过 4m，沙发墙与电视背景墙之间的距离在 6m 之内，这是最适宜的客厅标准。如果朝阳的卧室达到了这个标准，是可以进行对调的。其次，如果对调后客厅面积略显紧张，可以打通原本两个卧室之间的非承重墙，在卧室和客厅之间采用一些软隔断将两部分的区域区分开来。在一定程度上，规避了对调后客厅空间局限的弊端，扩大了客厅的视觉空间。

八、开放式厨房的改造手法

开放式厨房是指巧妙利用空间，打通厨房与餐厅、客厅的空间，使之完全相连，形成一个开放式的烹饪空间。开放式厨房让整体空间变得明亮、大气，不仅拉近了人与人之间的距离，营造出一种温馨的家庭氛围。因其一体式的设计，去除了墙体的阻隔，进一步加大了纵深，给小户型空间带来一种通透的视觉环境。选择开放式厨房对于小户型来说有着诸多的优点，但在设计改造的同时也要考虑到厨房开放后带来的问题以及解决方法。

△ 开放式厨房非常适合小户型，让空间更具通透感

如果在家中设计开放式厨房，一定要做好通风排烟工作，否则在烹饪时，油烟会飘到餐厅、客厅，家具及墙面都会受到污染，所以大功率多功能的抽油烟机是开放式厨房不可缺少的设备。此外，最好能设计较大的窗户，确保厨房良好的通风效果，以减除油烟味。

 一般厨房空间在建造时均会有过顶梁或防火墙等基本建筑构造，因此，在对厨房隔墙改造时，要考虑墙体结构的现有情况，做到因势利导，巧妙利用。如要改造的墙体上有过梁，可将它改造成吧台灯光顶，而不能将它拆除，以免影响建筑结构的稳定性。

九、增加地台功能区的注意事项

储物地台内部要划分储物的方格，用轻钢龙骨搭建的话，其内部暴露出的龙骨还需再加板材掩盖，会导致造价增加。而用板材直接搭建，地台内部分割的储物格直接起到支撑、承重的作用。板材自身有自然木纹，无须再多装饰。如果是大芯板，可以在内侧贴上装饰软片做出假木纹的效果。

如果要增加储物功能，地台高度要在40cm以上，否则最多只能在地台侧面勉强做些小抽屉，不但制作成本增高了，对于增大居室的储藏空间也没有太大意义。目前家用储物地台一般分为抽拉式和上掀式两种。地台内安装升降桌，平时可以作为书桌或者休闲桌使用。如果来了客人，可以降下桌面，作为临时的客房使用。

△ 抽拉式收纳的地台

△ 上掀式收纳的地台

十、增加一个卫浴间的注意事项

增加卫浴间首先需要解决下水问题。如果不能穿楼板，就要垫高卫浴间地面，可能要有台阶。如果楼层在低层，可以立管做室外排水（物业不干涉的情况下）。如果楼层不低，马桶下水管要通到原有卫浴间，水平下水管要找坡，水管经过的地方都要垫高。这些房间的净高就会减少很多。而且水平管易堵，检修就要破坏地板。还要考虑冬天水管防冻及漏水对自己家和楼下的影响。

十一、卫浴间改造成卧室

如果想把卫浴间改作卧室，必须注意一些技巧。一般情况下，卫浴间最初是做过防水的，但是由于改造等施工，可能会将原来的防水层破坏掉，因此要重新做防水。如果预算允许，还可以把整个房间都刷上防水涂料，如顶面、墙面以及地面等。做衣柜时最好不要紧靠墙面，中间可以用龙骨结构留出一定的空隙，柜子的底部也最好离地面有一定的距离。虽然暂时改作了卧室，但是最好将顶上所有的管道包进吊顶之中，以备还原卫浴间使用。

十二、洗手台移出卫浴间

将洗手台从卫浴间内搬到外面，如厕和洗漱的人就可以互不干扰。特别是对于现在的上班族来说，早上上班时间一般都比较集中、紧迫，这样的改造在一定程度上能节约不少时间。

一些护肤品、化妆品在潮湿的空间容易受潮霉变。也有的化妆品会使用带有金属材质的包装，在受潮后容易生锈，不小心误入口中还容易造成重金属中毒。因此潮湿的卫浴间并不适合存放护肤品和化妆品。洗手台搬到卫浴间外后，牙刷、毛巾和护肤品等物品也随之搬了出来，一个干燥的环境更易于各种物品的保存，而且还减少细菌的污染。

△ 洗手台移出卫浴间的设计

一、旧房拆改顺序及注意事项

◎ 拆除顺序

一般来说是由上而下、由内而外，由木而土，现场可依照情况灵活调整顺序。拆除时多半先由顶面开始，接着是墙面、地面。有些柜子与顶面连接，拆除时特别注意避免塌陷。

◎ 地面见底要防水

地面在见底的部分需事先做好防水工程，否则施工中容易发生水渗到楼下的情况。

◎ 拆除门窗要把防水填充层清理干净

拆除门窗时，记得将原有防水填充层清除干净，以免影响新门窗的尺寸大小，同时造成新的防水处理无法完善的情况。

◎ 最后拆除马桶

在不影响清洁与供排水的情况下，建议将马桶留在最后拆除，方便工作人员在现场使用。

二、旧房砸墙和敲地

砸墙和敲地是旧房装修的时候无法避免的项目，尤其是小户型旧房装修时，通过砸墙改造来达到视野上的开阔感是很多设计师都会考虑到的创意。在结构改造工程中一定要注意，严禁拆除承重墙及配重墙。必须在安全的前提下，改变不合理的地方，拆除一些隔断，化零为整。另外砸墙砖及地面砖时，还应避免碎片堵塞下水道。

△ 旧房装修严禁拆除承重墙及配重墙，可通过拆除一些轻质隔断墙改善户型格局

三、旧房结构拆改

　　旧房的内部格局一般不理想，卧室偏大，客厅较小且门较多，卫浴间、厨房、储藏空间的设计也不够科学合理。可以考虑在原有结构空间布局上进行一些拆改，除了承重结构以外，墙、门窗等都可以经过拆改重新进行分隔、组合。若结构允许，甚至可以将阳台打通，以扩充空间。空间结构的变化，不仅可以使旧房完全变样，也会使家庭成员的生活更加方便舒适。

问题 1：

缺少客厅空间，一家人缺少一个交流聚会的场所

问题 2：

需要布置出一个独立的就餐区域

问题 3：

隔墙很多，整个空间显得十分琐碎

解决 1：

设计一排卡座，把餐厅和客厅结合到一起，空间利用达到最大化

解决 2：

餐桌布置在卫生间和过道之间的区域，而且距离厨房也很近

解决 3：

把厨房的墙体打掉，改成敞开式；卫生间设计成干湿分离的格局，将厨房和卫生间之间的那堵墙变短，使过道变宽

四、旧房水电改造

　　旧房的水路设计首先要想好所有与水有关的设备，例如净水器、热水器、马桶和洗手盆等，它们的位置、安装方式以及是否需要热水；要提前想好用燃气还是电的热水器，避免临时更换热水器种类，导致水路重复改造；卫浴间除了给洗手盆、马桶、洗衣机等留出水口之外，最好再接一个出来，以后接水、拖地比较方便。

　　在旧房电路的改造方面，因为现代家庭电器很多，按照国家标准，装修中必须使用 2.5mm 铜线，而对于安装空调等大功率电器的线路则应单独走一路 4m² 的线路。在往墙中埋线时必须使用 PVC 绝缘管，而且达到活管活线的标准。

五、旧房门窗拆改

如果对旧房的门窗从位置、形式、材料上都不满意，在装修时可以将其拆除，重新安装新的门窗，以此来改善房屋的整体效果。如果原有门窗的功能布局、造型特点以及所用的材料都还不错，而且保护得也较好，则大可不必拆除重做，可以选择只对门窗进行重新涂刷等方法，改变其外观效果即可。相对而言，保留原有门窗结构，可以节约一笔相当可观的费用支出。

若门窗已经无法保留，需要拆除重做，在拆除门窗时一定要注意保护好房屋的结构不被破坏。尤其是对于房屋外轮廓上的门窗，此类门窗所在的墙一般都属于结构承重墙，原来装修做门窗时，通常会在门窗洞上方做一些加固措施，以此来保证墙体的整体强度。在拆除此类门窗时，必须要谨慎仔细，不可大范围进行破坏拆除，否则一旦损坏了墙体的结构，会对房屋的安全性造成破坏，影响其使用效果。

△ 拆除门窗时不可大范围进行破坏拆除，避免损坏墙体的结构

六、旧房地砖的拆除问题

原有的地砖地面是否应拆除，要视使用情况而定。如果原有地砖已经有局部损坏、较多空鼓或脱落、表面釉质已经磨损，或严重脏污则必须拆除更换，只做简单修补效果不会太好。如果只考虑更换几块地砖，难度较大，因为多年后几乎不可能配到颜色、型号和款式一致的地砖。

当然，如果是为了省钱，在地砖基本完好时可以不更换，但是一定要在装修后期，把所有地砖勾缝铲除重做。因为以前长期使用过的地砖缝中会有大量细菌或污垢存在，必须清除，并且重新勾缝后会显得更美观。一般情况下，在翻新改造时应将厨房和卫浴间的地砖拆除重做。

△ 旧房的地砖基本完好时可以选择不更换，但需要在装修时把所有地砖的勾缝全部铲除重做

水电改造 第三节

一、水电改造方案制订

水电改造前，需有详细的水路电路走向设计图样，而图样的制订需要设计师和业主深入沟通、协商。应根据房子的具体情况，按安全→环保→节能→实用→效果这样的顺序来考虑，要最大限度地满足业主的需求。没有详细的水电改造走线方案仓促开工往往是盲目的，最后的结果也会留下非常多的遗憾。

水电改造方案的制订，首先需做好各功能间的空间划分、平面家具布置、装饰性较强的造型吊顶布置图。比如床、衣柜、电脑桌等设备的摆放位置及大小，餐厅餐桌的大小及摆放位置，视听室所需要的视听效果等。这些都关系着水电线路的布局。

目前，绝大多数新住宅公寓的强电配电系统是完善的，照明插座、空调等回路完全分离，能保证正常家庭用电负荷；弱电包括网络、电话、电视等都已入户，甚至各个房间都已布置了完整的弱电线路，部分住宅的弱电线路只接到客厅或卧室，需要做进一步延伸工作。

同样，大多数情况下，冷热水管从厨房到卫浴间都已经布置完毕，小部分只有冷水管甚至室内只预留一个冷水接口，无热水管需要重新走管，根据自己的需求局部改造即可；如果设备无位置变化，新房的排水管一般不需大的改动。

重点空间水电设备配置一般情况	
厨房	一般设备：电饭煲、微波炉、烟机、某些需要电源的灶台、操作台备用、水盆下备用电源、热水器电源及给回水等
	选择性设备：烤箱、消毒柜、冰箱电源、洗衣机电源给排水、软（净）水机电源给排水、厨宝电源给水、洗碗机电源给排水、橱柜灯电源、背景音乐音箱等
卫浴间	一般设备：浴霸、镜前灯、排风扇、吹风机电源；电热水器电源及给水、洗衣机电源及给排水；淋浴室、浴缸、洗手盆、马桶给排水等
	选择性设备：墩布池、电话、妇洗器、背景音乐音箱等

重点空间水电设备配置一般情况		
客厅	一般设备：电视机电源及电视端口、空调电源、网络及电源、电话端口、沙发两边电源等	
	选择性设备：家庭影院、视频共享、投影、卫星电视、电动窗帘、吊顶造型照明电源、安防、灯光控制、智能控制系统等	
卧室	一般设备：床头备用电源、电话、电视、空调等	
	选择性设备：灯光双控、网络及电源、壁灯、视频共享、窗帘控制、卫星电视等	
书房	一般设备：网络及电源、电话、备用插座等	
	选择性设备：背景音乐、电视及电源、视频共享、电动窗帘等	

二、水电改造走顶还是走地

　　水电走顶还是走地一般要结合房屋实际情况而定，而这两种方式各有利弊，它们不但决定了水电系统布置是否安全科学，还是影响水电工程预算的重要因素，需要考虑业主意见和综合因素来决定，而不是简单地以走顶或走地来区分。当厨卫水电线管同时在顶部布置时，电路在上，水路在下，水电线管间距不小于30mm，以防在水管发生渗漏时，电线路会因为渗漏而导致更大的风险和损失。

水电走地

◎ 优点

　　开槽后的地面好固定 PPR 管，水电线管线路较短。

◎ 缺点

　　水电线管会有交叉，需要在地面开槽。万一发生漏水不能及时发现，会严重影响楼下邻居，而维修时需要把地砖砸掉，返修成本大。

水电走顶

◎ 优点

　　地面不需要开槽，万一有漏水可以及时发现，避免祸及楼下，维修时方便。

◎ 缺点

　　首先水管会多走一点，造价相对高；其次是水管穿梁而过，可能会增加在梁上打孔的可能，就会减少梁的强度和抗震能力，尤其是打断箍筋和主筋；还有一点是没有在水泥层牢固，管路接头会随着水管的热胀冷缩而松动，从而造成隐患。

三、水电线管墙面开槽的注意事项

走水电线管不能在墙面开横槽，如果需要开横槽，承重墙不超过300mm，非承重墙不超过500mm。横向开槽过长，会破坏墙体结构引起墙面开裂。对承重结构的任何形式的破坏，都会降低建筑的抗震性能。承重墙水电开竖槽时，遇见钢筋不能断筋。布线管时，使用黄蜡管来降低开槽深度要求，在保证线路安全的前提下保证结构安全。

△ 水电线管墙面开槽

四、厨房水路改造

厨房在进行水路改造之前需要制订一个方案。改造方案中要包括厨房用水点的位置，厨房水路管道的走向以及厨房热水如何来解决，还有厨房的下水需不需要改造，这些问题都要提前想好。

△ 厨房水路改造

◎ 厨房用水点的位置

常规的厨房的用水点就是洗菜盆。要把洗菜盆的位置提前确定好，然后在墙上画出用水点的位置。准确定位以后才可以进行下一步的施工。

◎ 厨房热水的解决方案

一种解决方案是在操作台的下面预留一个厨宝的位置，另一种解决方案就是从热水器再引一根热水管到厨房的用水点，这种方案还可以做成循环热水。

◎ 厨房水路的布置

在确定好厨房的用水点以及热水的方案以后，下一步就是从厨房原来预留的用水点位向新的用水点位布置管道。基本的做法就是从原用水管道，沿墙面走管，布置到新的用水点位，暗埋时需要开槽，开槽时需检查槽的深度，冷热水管不能同槽。

五、卫浴间水路改造

卫浴间水路改造前需要确定有哪些用水设备，它们的安装位置，是否需要热水等。可以自己先简单地设计一个卫浴间的图样，在需要安装卫浴洁具的地方做个标记。然后和设计师进行交流探讨，这样水路改造之后可以更方便地日常生活。卫浴间的水路改造一般分为上水改造、下水改造。

◎ 上水改造

通常指的是电热水器、洗手池等冷热水管布置。冷热水管之间需要保持 15cm 的间距，其高度需要一致。而且冷热水管管口需要垂直于墙面，并且和墙面保持 2cm 的距离。

◎ 下水改造

一般指的是地漏、洗手池、淋浴房、坐便器的下水管。一般情况下，坐便器的下水管道是不能改动的。地漏的下水管道需要有防水弯，尽量不要改变地漏的位置。如果卫浴间安装有浴缸，那么浴缸需要有独立的下水口。

 此外，卫浴间地面一定不能忘记做防水，特别是在地面开槽的。如果淋浴区不是封闭淋浴房的话，墙面防水应该做到 180cm 的高度，在抹水泥前一定要做 24h 闭水试验，没有问题之后才能铺砖。

六、客厅电路改造

客厅电路改造包含电源线、空调线、照明线、电视线等，这些线路的位置需要根据室内的实际情况进行提前预留好，一般电话线口尽量安装在沙发边沿，方便接听；门铃线口需要安装在入户门的内侧。饮水机、加湿器等移动设备预留电源口，一般情况客厅至少应留五个电源线口。由于客厅弱电较多，在布管走线时，要特别注意强、弱电分管走线，严禁强、弱电共用一管和一个底盒。

客厅应保证每个主要墙面均有一个 5 孔插座，且不会被其他家具遮挡，以满足日常生活所需。插座的位置也应该根据装修设计来确定，如电视背景墙的位置，插座可适当多一些，除了满足现在的使用需求，也要预留 2 个左右的插座。沙发墙两侧的插座常规做法是位于边几的位置，这个地方适合放台灯或落地灯。如果想躺在沙发上边充手机边看电视，就需要注意插座的位置一定要在沙发的正后方，略高于沙发就可以了。

△ 如果需要在客厅沙发旁放置落地灯，事先应预留好插座的位置

　　　　如果客厅打算增加家庭影院，应在电路改造的时候布好线路。特别注意在功放位置要留音频输入孔，后置的两个音响可选择悬挂或落地摆放，这两种方式所留的音频线输出孔的高度位置是不一样的。

七、卧室电路改造

卧室电路改造和客厅的电路改造差不多，同样包括电源线、照明线、空调线和电脑线等。建议每个卧室都为电视预留插座和网线、有线电视接口，方便以后增加电视使用。一般卧室床头柜的上方需要预留电源线口，且最好选用双控开关，一个安装在卧室门的外侧，另一个开关安装在床头柜的上侧或床边，这样睡觉时就不要起身到卧室门附近关灯了。

梳妆台上方也要预留电源接线口，这样方便后期使用吹风机等。如果梳妆镜上方有反射灯，可在电线盒旁边再加装一个开关。电视下方距地面 30cm 左右可以设置一个插座，方便使用吸尘器、空气净化器等设备。

△ 卧室中的开关插座位置适合安装在床头柜的上侧

△ 梳妆台上方需预留电源接线口

八、餐厅电路改造

除了餐厅的顶灯线路设置以外，可以考虑将插座设置在餐桌内，这样能满足电磁炉、电水壶等随餐小电器的插取。也可以在离餐桌比较近的墙上，距地面 40cm 左右的位置预留插座，使用起来更加方便。餐边柜上预留插座可以方便烧水壶、咖啡机等小电器的使用。如果餐桌也偶尔兼顾办公桌的功能，可以多留一个插座，以便台灯、电脑、手机等使用。餐厅空旷的地方预留好插座，方便使用有线吸尘器、扫地机器人等。

另外，一些家庭由于餐厅的开关通常要联控走道、射灯、甚至客厅的一些灯具，因此建议安装一个 3 开双控开关以满足多功能需求，节约墙面空间。开关的安装高度要与人体身高呈合理比例，通常距离地面 1.4m 左右。

△ 离餐桌比较近的墙上预留插座

九、书房电路改造

　　书桌的上方应安装电源线、电脑线、电话线接口等。书房的灯具开关可以安装双控也可以是单控，一般来说，如果书房是榻榻米设计，就必须要安装双控，如果不住人的话双控就非必须了。书房插座的高度要根据插座的用途来定，如果是为了插台式电脑的主机使用，高度在 30cm 就可以；如果是桌面充电或使用台灯，高度可在 90~100cm，不过要保证插座位置高于桌面 5~10cm，这样使用起来更加方便。

△ 书桌居中摆设的空间适合安装地插

△ 如果书桌上要使用台灯，插座位置应高于桌面 5~10cm

十、厨房电路改造

厨房的插座要设地线，以保证用电安全，所以共有三根电线，而照明系统不用设地线，只有两根线，因此两支路线最好分开，即使电路出现问题也便于维修。

厨房内的小家电种类繁多，电饭煲、榨汁机、电磁炉、烤箱、油烟机和消毒柜等都要用到插座，多留几个备用插座，才能适应使用需求。在进行厨房的电路改造时，先要确定家里的厨房电器的数量，还有使用位置，然后在墙上确定插座底盒的点位。抽油烟机的插座是固定的，可以把它安装在烟道的正中，用烟罩挡住，保持整洁美观。如果要控制烟机开关，可以多设一个开关在橱柜台面上。

如果橱柜台面上的插座设置过于集中，所有的电器只能集中在窄小的区域。插头连上插座后，各种电线交织，既不美观，也存在安全隐患。所以插座最好以两只为一组，每组插座保持 40cm 左右的距离。

△ 现代厨房应多留几个备用插座，才能适应使用需求

　　橱柜是厨房里的大件物品，电路改造要配合整体橱柜同步设计，插座要精确定位到厘米，避免插座刚好被橱柜挡住，影响使用。一些家庭在安装厨房插座时，觉得太高有碍美观，会装在较低的隐蔽位置，但这样容易让水溅到插座里，因此厨房插座最好高于台面 30cm。

十一、卫浴间电路改造

卫浴电路施工前，需先决定改造计划，在设计时考虑周全。由于卫浴间环境特殊，电路材料的质量要求相应更高，在选择穿线管、电线、接线盒等材料时，建议到正规商店购置。

如果采用电热水器，必需单独拉一组电线，而照明和其他插座则用另外一组电线。同时建议在卫浴间不同的位置多安装几个插座，方便日后使用，比方预留智能马桶的插座。卫浴间主灯和排风扇的开关设置在门外较好，从吊顶上走线可以节约不少费用。浴霸应考虑装在靠近淋浴房或浴缸的位置，而不是装在卫浴间的中心位置。淋浴花洒要使用一体化冷热水口，使用单独的两个冷热水伐在施工过程中很容易造成间距误差、水平误差等问题，导致花洒安装后出现渗漏、倾斜等一系列令人头疼的隐患。

△ 在卫浴间不同的位置安装插座，可以方便日后的使用

4

家居装修从入门到精通
施工实战指南

施工工艺

水电工艺

一、水电施工的常用术语

在水电施工中，经常能够听到一些术语，如槽线、内丝、外丝、强电、弱电等，了解它们的含义，能够更轻松地了解水电施工知识。

常用术语	具体解释
开槽线	也叫打暗线，用切割机或其他工具在墙里打出一定厚度的槽，将电线管、水管埋在里面
内丝、外丝	水管配件的螺纹丝口有内丝和外丝两种，内丝就是指螺纹丝在配件里面，而外丝就是螺纹丝在配件外面
暗管、暗线	指埋设在墙内的管路和电线
强电、弱电	强电是动力电，如开关插座的接线；弱电指信号线，如电视线

二、水电施工前的准备工作

比起表面的装饰来说，隐藏起来的工程质量更为重要。家装水电施工图非常烦琐，顶面和地面到处都是错综复杂的电路、水管。水电工程对家居生活的安全与否能够起到决定性的作用。

◇ 水电施工前准备工作表

序号	项目
1	对原有水路进行打压测试，验收合格，装修所需各项手续办理完毕
2	室内墙体拆除或重建规划完成
3	家具以及电器的基本规格、位置基本确定
4	顶面使用的灯具种类已经确定
5	灯具的平面布置图及造型、灯具的位置已确定
6	其他个性化需求确定完毕
7	确定厨房的各种插座及灯具的位置
8	确定住宅的供热水方式，是燃气供热水、电热水器还是其他供热方式
9	确定热水器的规格、尺寸以及浴缸的种类（普通浴缸还是按摩浴缸）
10	提前预约水电工程师上门规划准确定位点，并做出工程量预算

三、水路施工的步骤

　　家装水路改造的步骤为：定位→弹线→开槽→管线安装→打压测试→封槽→二次防水，其中定位画线是最为关键的步骤，会对后期的工程质量产生重要的影响。

定位 ▸ 弹线 ▸ 开槽 ▸ 管线安装 ▸ 打压测试 ▸ 封槽 ▸ 二次防水

步骤	施工内容
定位	明确一切用水设备的尺寸、安装高度及摆放位置，避免影响施工进程及水路施工要达到的使用目的
弹线	弹线是为了确定线路的敷设、转弯方向等，对照水路布置图在墙面、地面上画出准确的位置和尺寸的控制线
开槽	开槽是用墙壁开槽机，沿着画线的走向，在墙面和地面上打出槽线，以方便埋设水管管路
管线安装	开槽完成后，给水管线按照冷热管线的分布情况开始布管，排水管线按照排水走向开始布管
打压测试	管路安装完成 24h 后，需要用打压泵对管路进行打压测试，打压没有渗漏证明管路安装合格
封槽	管路测试完成后，需要对槽线进行封闭处理，用水泥砂浆将槽路填满，目的是将管线与后期铺砖的干砂隔离开，避免管线的作用引起瓷砖的热胀冷缩而开裂
二次防水	所有步骤完成后，对于用水的空间，如卫浴间和厨房，需要进行二次防水处理，避免用水时渗漏到楼下

四、家居洁具出水口常见高度

洁具名称	高度 /mm
面盆冷、热水	500~550
花洒	1800~2000
拖把池	650~750
燃气热水器	1200~1500
电热水器	1700~1900
蹲便器	100~110
坐便器	250~350
标准浴缸	700~750
按摩浴缸	150~300
墙面出水面盆	950
小洗衣机	850
标准洗衣机	1050~1100
厨房洗菜盆	400~500

五、电路施工的步骤

家装电路改造的施工步骤为：定位→画线→开槽→管线安装→测试电路→安装配电箱→安装灯具→调试系统。其中画线和开槽的步骤与水路操作方式相同。

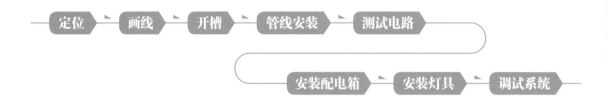

步骤	施工内容
定位	明确各种用电设备、设施（如洗衣机、灯具、电视机、冰箱、电话等）的数量、尺寸、安装位置，以免影响电路施工进度与今后的使用
画线	画线是为了确定电线布线的线路走向、中端插座、开关面板的位置，在墙面、地面标示出其明确的位置和尺寸，以便于后期开槽、布线
开槽	开槽是用墙壁开槽机，沿着画线的走向，在墙面和地面上开出槽线，以方便埋设电工套管和电线
管线安装	开槽完成后，就可以开始埋设管路，将管路按照画线的路径将长度截断并进行整体的连接，同时进行穿线、连线
测试电路	在完成布线以后，需要对整体线路进行测试，检查是否有接错或者线路不通的情况，如发现要及时处理
封槽	管路测试完成后，需要对槽线进行封闭处理，用水泥砂浆将槽路填满，目的是将管线与后期铺砖的干砂隔离开，避免管线引起瓷砖的热胀冷缩而导致开裂
安装开关、插座和灯具	这一步需要在装修工程全部结束后进行，先安装开关和插座，最后安装灯具，通电测试后，电路施工才全部完成

六、家用开关、插座的常见安装高度

序号	内容
1	开关离地面一般为 1200~1400mm，一般情况下是和成人的肩膀一样高
2	视听设备、台灯、接线板等墙上插座一般距离地面 300mm
3	电视插座在电视柜上面的 450~600mm，壁挂电视插座高度为 1100mm
4	空调、排风扇等插座距离地面为 1900~2000mm
5	冰箱插座适宜放在冰箱两侧，高插距离地面 1300mm、低插 500mm
6	厨房所有台面插座距离地面 1250~1300mm，一般安装 4 个
7	挂式消毒柜的插座离地 1900mm 左右，暗藏式消毒柜的插座高度为离地 300~400mm
8	吸油烟机插座高度一般为离地 2150mm 以上

泥工工艺

一、文化石施工

在制作文化石背景墙时，要先设计好背景墙的样式，并估算文化石的铺贴方向。在施工前，务必确认墙体的含水量是否适合施工，如果墙体太干燥，文化石会直接从砂浆和灰缝材料中吸水，这可能导致施工强度不足，从而引发文化石掉落的现象，因此在施工前，墙体以及文化石都要先进行一定的湿润处理，铺贴时尽量采用胶粘剂进行铺贴。

文化石背景墙在铺贴前，应先在地面摆设一下预期的造型，调整整体的均衡性和美观性，例如小块的石头要放在大块的石头旁边，每块石材之间颜色搭配要均衡等。如有需要，还可以提前将文化石切割成所需的样式，以达到最为完美的装饰效果。

◎ 基层为毛坯或水泥墙面

直接用专用胶粘剂贴砖，根据文化石的颜色采用不同颜色的胶粘剂和勾缝剂，白砖用灰白色，红砖用灰白色或黑色。

◎ 基层为木板、石膏板等墙面

施工前需把光滑的表面刮花80%，然后用大理石胶或者热熔胶粘贴，建议两种胶配合贴，大理石胶涂中间，热熔胶涂四角。

△ 文化石墙面

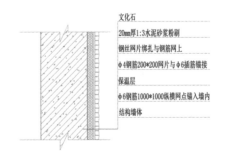

文化石
20mm厚1:3水泥砂浆粉刷
钢丝网片绑扎与钢筋网上
φ4钢筋200*200网片与φ6插筋锚接
保温层
φ6钢筋1000*1000纵横网点输入墙内
结构墙体

△ 文化石施工剖面图

二、文化砖施工

应根据墙面的大小来选择文化砖的式样及大小，大面积墙面尽量选择大尺寸的文化砖，相反则选择小一点的，体积上的相互协调能带来更为和谐的装饰效果。

虽然文化砖能体现出室内空间典雅自然的气质，但在使用时忌大面积的铺贴，以局部的装饰点缀为主。此外，尽管文化砖在档次和装饰效果上都比较好，但是安装的方式却很简便，只要按照普通的瓷砖铺贴方式就可以。需要注意的是，由于文化砖的表面凹凸不平，不易清洁，因此在铺贴的时候应注意保持表面整洁。

◎ 基层为毛坯或水泥墙——选用瓷砖胶粘剂

步骤一

按要求加水

步骤二

将适量比例的灰浆置于文化砖的背面（颗粒感强的一面）

◎ 基层为木板、玻璃等墙面——选用玻璃胶、结构胶

步骤一

将适量的玻璃胶或者结构胶置于文化砖的背面

步骤二

按照铺贴顺序，从下而上，从左而右

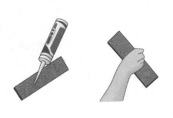

△ 文化砖墙面

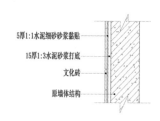

5厚1:1水泥细砂砂浆黏贴
15厚1:3水泥砂浆打底
文化砖
原墙体结构

△ 文化砖施工剖面图

三、微晶石施工

微晶石的图案、风格非常丰富，因此施工时，其型号、色号和批次等要一致。铺贴造型一般以简约的横竖对缝法即可，建议绘制分割图样以及现场预演铺贴一下，以找到最合适的铺贴方案再进行施工。

因无孔微晶石的硬度高、至密度高且较重，在搬运、摆放时都要小心轻放，底下要垫松软物料或有木条支撑，不能直接放在地面，更不能让边角接触地面进行移动。同时，无孔微晶石的安装，有别于传统镶贴施工方法，因此最好选择专业的施工队伍负责施工。

此外，由于微晶石瓷砖比较重，如果是大尺寸的规格，直接使用一般方法铺贴上墙，可能会容易从墙上掉下来。因此建议调制混合胶浆（如使用 AB 胶＋玻璃胶／云石胶混合）进行铺贴。这种混合胶不仅有很强的吸附力，同时有一定的时间可以做粘贴调整。需要注意的是，调好的胶浆应在 4 小时内用完。

△ 微晶石墙面

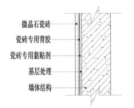

△ 微晶石施工剖面图

在购买微晶石前要先确定好室内的整体装饰风格，然后选择图案颜色相对应的微晶石，以免因选择错误造成较大的突兀感以及达不到想要的装饰效果。此外，建议选择口碑比较好的微晶石品牌，因为一线二线品牌的产品，在质量上和生产监管上都比较严格。

四、大理石施工

大理石属于中硬石材，根据不同品种应用于室内，会进行表面二次晶化处理，另外一些浅色、容易受污染的石材在铺贴时应作相应防护处理。为避免浅色大理石泛色、水渍等问题及带背网的大理石的控股问题，建议使用专用大理石黏结剂铺贴。为提高大理石的出材使用率，尽可能按照不同石材的大板规格设计尺寸比例，以降低损耗。建议大板切割前，先用大板真实高清照片做蒙特奇，以检查纹理衔接是否符合设计效果。

△ 大理石墙面

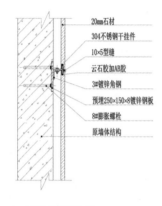

- 20mm石材
- 304不锈钢干挂件
- 10×5型缝
- 云石胶加AB胶
- 3#镀锌角钢
- 预埋250×150×8镀锌钢板
- 8#膨胀螺栓
- 原墙体结构

△ 大理石施工剖面图

常见的大理石施工方式可分为干挂法、湿铺法。相对于湿铺法来说，干挂施工可以提高工效，减轻建筑的自重，克服了水泥砂浆对石材渗透的弊病等。

◎ 大理石干挂施工流程

测量放线 ▸ 石材排板放线 ▸ 挑选石材 ▸ 预排石材 ▸ 打膨胀螺栓

安装钢骨架 ▸ 安装调节片 ▸ 石材开槽 ▸ 石材固定 ▸ 打胶 ▸ 调整 ▸ 成品保护

◎ 大理石湿铺施工流程

基层处理 ▸ 弹线 ▸ 墙地面石材 ▸ 擦缝 ▸ 石材结晶 ▸ 修理保护

五、地砖施工

1）一般的二手房翻新或者精装房重新装修，地面铲掉原有装修后会显得坑坑洼洼，在铺贴新的地砖前，需要对原有的地面进行修补填平，使新铺上的地砖铺贴效果更好。填平后的地面需要进行清洁，清除地面多余的垃圾以及灰尘，让地面保持清洁干爽即可。

2）铺贴前对拆封的地砖需求浸泡处置。由于地砖有许多小孔，这些小孔的吸水能力较强，直接铺贴干燥的地砖，容易吸收水泥砂浆的水分，下降贴合度。所以有必要让这些小孔吸饱水，浸泡至无气泡呈现，晾干再进行铺贴。

3）将地面找平然后整理洁净，均匀铺上一层 1：3 配合比的水泥砂浆，并用铁铲和抹灰刀填平表面，通常砂浆的厚度为 3~4cm。这种方法称为干铺，通常适合在客厅铺设大尺寸的地砖，如 1m×1m 的规格。如果地砖尺寸为 800mm×800mm，可在干铺的基础上再运用湿铺的形式。将 1：1 混合好的水泥砂浆均匀涂抹在地砖的背后，然后将地砖覆盖在预铺的位置上

4）水泥砂浆填平后，在离地面高 5cm 的位置放一条平行于墙面的线，让地砖沿着直线铺贴，并不断调整地砖的方位，使之与墙面或周围的瓷砖对齐。

5）铺贴地砖时地砖之间需留缝，留缝约为 1~1.5mm，避免因为热胀冷缩导致地砖互相挤压出现裂缝。不断用橡胶锤敲击砖面，查看水泥与细沙的贴合状况，呈现空鼓的要从头填入水泥，此检查必须反复做，至敲击无空洞响声为止。再用水平尺检查地砖的平整度。

△ 轻奢风格空间的地砖地面

◎ 地砖铺贴施工流程

基层处理 ▸ 标筋 ▸ 浸砖 ▸ 铺结合层砂浆 ▸ 铺砖

拍实 ▸ 拨缝、灌缝 ▸ 清洁 ▸ 养护

六、马赛克施工

在现代风格室内空间使用马赛克装饰墙面，能够起到调动和活跃空间氛围的作用。铺贴马赛克有两种方式，一个是胶粘，具有操作便利的优点。还有一个就是水泥以及胶粘剂铺贴，其最大的优点就是安装较为牢固，但需要注意选择适当颜色的水泥。

为了达到完美的装饰效果，在铺贴马赛克前必须将墙面处理平整，并且要对准直缝进行铺贴，如果线条不直，将严重影响美观。此外，由于马赛克的密度比较高，吸水率低，而水泥的粘合效果没有马赛克专用胶粉好，铺贴后无法保证其牢固度，因此马赛克在铺贴的时候最好用专业的胶粘剂，如果需要铺贴在木板打底的背景上，只能用硅胶进行铺贴。马赛克在铺贴后 10h 左右，便可以开始进行填缝。填完缝后应用湿润的布擦净线条外的残留，注意不能用带有研磨剂的清洁剂、钢线刷或砂纸来清洁，通常用家用普通清洁剂洗去胶或污物即可。

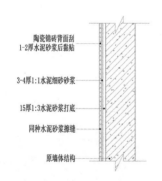

陶瓷锦砖背面刮
1-2厚水泥砂浆后黏贴

3-4厚1:1水泥细砂砂浆

15厚1:3水泥砂浆打底

同种水泥砂浆擦缝

原墙体结构

△ 马赛克施工剖面图

△ 马赛克墙面

马赛克的材质分类较多，在铺贴前应和专业厂商沟通，使用合适的胶粘剂及填缝剂，以免造成施工质量及美观问题。装饰马赛克时要注意有序铺贴，施工时一般从阳角部位往两边展开，这样便于后期裁切，反之裁切起来就会很麻烦。此外还应注意尺寸的模数，因为马赛克本身属于体块小不好切割的材质，尽量不要出现小于半块的切割现象。

七、地砖拼花施工

地砖拼花施工基本的要点就是一定要提前设计好图样，然后按照预先设计的方案铺贴，这样才能达到预先设计的效果。在拼接过程中如果擅自改变设计要求，往往会很不成功。

有些圆形的拼花难以施工，简单的做法是在电脑上把大样放出来，然后以按度数分割大样的方式进行铺贴，这样可以有效地防止铺贴的误差。注意应在施工之前把家具的尺寸和位置确定好，根据平面的家具布置来设计地面拼花。

△ 几何图案地砖拼花

△ 线条组合地砖拼花

△ 圆形地砖拼花

八、水泥自流平地面施工

水泥自流平地面绝大多数施工队都能做，加上了打蜡、刷水泥清漆等后续处理之后，其效果为平整、光滑、无缝的整体水泥地面。水泥自流平地面的价格首先要看面积大小和施工环境，其次要看依地面厚度而定，最后还要看是否是专业的施工队伍。一般而言，普通的自流平地面在 45 元 /m² 左右。

水泥自流平地面与其他地板交界处的缝隙有很多种方法可以处理，比如平压条，过门石，高低扣等。其实还可以考虑镶嵌一种金属接缝条，这种金属条可以与水泥地面一起进行深度抛光。

水泥自流平施工对于环境要求比较高，基面含水率要小于 6%，空气湿度必须低于 60%，环境温度在 10℃～25℃为最佳。如果自流平区域有水龙头或者水管，切记要做好防水工作。

△ 水泥自流平地面

第三节 木工工艺

一、吊顶木龙骨施工

1）首先确定吊顶的高度，用冲击钻在墙顶的水平线上打眼，钻头大小一般为 1.2cm×1.2cm，为了保证龙骨的稳固性，孔眼间距宜保持在 30cm 左右。

2）木龙骨通常采用木楔加钉来固定，特别要注意垂直受力情况，由于木楔受到干缩现象影响，易造成固定不牢。木楔子一般用落叶松制作，它的木质结构紧，不易松动。

3）按墙顶的水平线钉木龙骨。木龙骨的位置一定要钉好，如果歪斜，整个木龙骨外框都会随之歪斜，应选择美固钉加固木龙骨。

4）按图样钉好木龙骨外框，再次测量吊顶龙骨做得是否平直，如果不平直要进行修改。龙骨的位置一定要合理，否则安装射灯的时候容易打到龙骨。

5）封饰面板一定要用干壁钉，防止钉子生锈松脱。然后用建筑线衡量吊顶是否水平，如不平，则进行调整。像弧形这一类特殊的造型，需要两个人一起作业。

6）封饰面板朝向一致，接缝须均匀、美观，不得有缺棱掉角、锤印等缺陷。干壁钉上要涂刷防锈漆。第一遍涂完，等晾干后再涂一遍，保证每个干壁钉都涂刷到。

△ 木龙骨吊顶施工

二、地板木龙骨施工

1）根据房间窗户主光线的射入方向和客户的要求，确定木龙骨安装铺设方向，木龙骨安装铺设方向应和地板呈十字垂直状态。

2）根据木龙骨的长度模数和地板的长度计算木龙骨的间距，并在地面上画线标明。为保证地板铺装结实，应确保地板接缝都在木龙骨上。木龙骨之间的间距应 ≤ 40cm。

3）根据木龙骨的长度，合理把木龙骨安装固定在地面上，要求电钻打孔的孔间距应 ≤ 30cm，孔深度 ≤ 60mm，以免击穿楼板。打孔以后的木塞直径要大于电锤钻头的直径，也可以直接用水泥钢钉固定木龙骨。

4）木龙骨安装固定时，必须采用专用木龙骨钉固定，不允许用水泥或者建筑胶来固定，以免影响环保。

5）在木龙骨安装时，木龙骨两头之间应保留 ≤ 5mm 的间距，以防止热胀冷缩引起木龙骨的变形。同时，木龙骨与墙之间也应该保留一定的伸缩缝，长度在 8~12mm 为宜。

△ 地板木龙骨施工

 木龙骨安装后必须保证水平，如果木龙骨和地面之间有缝隙，可以把剩余木龙骨劈成小块来垫实。如木龙骨自身不水平，应用工具刨平或者垫平木龙骨头端。安装好后的木龙骨表面每 2m 的平整度误差应达到 ≤ 3mm 的标准。

三、木隔墙施工

　　木隔墙不像砖砌隔墙会弄脏施工环境，做法为先用一根根的木质角材立出骨架。骨架是支撑木隔墙的重要结构，按照墙面的高度和长宽比例、是否吊挂重物等去调整角材的间距，间距越密，结构力越强。隔墙一般都选用边长为 4.57cm 的角材。其次是填塞隔声材质。在填充隔声材料之前，要先封上背板，让材料不会掉出。将白胶涂布在骨架上，再贴上背板，并以钉枪固定。若要加强隔声效果，可在铺硅酸钙板之前，先上一层夹板，通过双层板材的施工来实现。最后是封板。最应注意的是板材之间的留缝间距，要留出一定的缝隙，让后续的刮腻子得以顺利进行，若留得不足，表面容易产生裂痕。

△　木隔墙

　　木隔墙最让人感到不便的地方是时候使用时不能随意钉钉子，怕承重力不够。但若在封硅酸钙板前先上一层 0.7cm 的夹板，就有了一定的厚度，钉子能够咬合，虽然成本会增加一些，却能解决无法吊挂的难题，也能增强隔声效果。

四、木门套制作施工

1）用红外线水平仪在墙上标出一条水平线，以便安装门套时校准水平，然后根据门洞的尺寸，测量出门框固定的位置，用墨斗弹拉出垂直线，一侧门洞两条垂直线。尺寸测量好之后，在两侧的垂直线上用冲击钻钻孔，两排间孔的规范距离应是上下间隔为400mm，深度为40mm左右。然后用铁锤往孔中逐个钉入小木楔，注意敲打时的力度，以免造成不必要的损伤出现。

2）测量出门框的尺寸，根据尺寸规格将细木工板用电锯锯开，开出所需要的门框板料，然后用刨刀对板料的边角进行刨平。将刨光好的门框材料按照已经测量好的尺寸进行拼接，在板料的接合处用螺纹圆钉进行固定，固定时要注意门框的角度，最后对门框表面修理，棱角分明，以达到美观。

△ 白色混油漆的木门套

◎ 门套制作施工流程

尺寸测量、打孔定位 ▸ 门套开料制作 ▸ 门套安装 ▸ 饰面板粘合 ▸ 木线条安装

3）将门框放到门洞上，以墙面的水平线为准在门框下用木块垫起，根据铺地板或地砖的不同需要预留所需尺寸。根据门洞上小木塞的位置在门框的上面先钉入一根钉子，然后用靠尺线锤来测量门框的垂直度，依靠梯形木塞来调整并逐步敲入圆钉。安装门框时钉子不能一步敲入进去，这关系门框的水平垂直调整，等完全调整好之后才能全部固定。接下来根据门的宽度计算门挡的尺寸，用九厘板开出板料，按照垂直线用蚊钉固定并用实木收口条进行收口。最后用锯刀锯掉调整水平的木塞多余部分，用刨刀刨平。

4）根据门档的尺寸开出饰面板的尺寸，用刨刀修整好饰面板的边角。在饰面板与门挡板上均匀地涂刷万能胶水，等到表面的胶水干燥，用手触摸已经不粘手的时候就可以装贴了。将饰面板对准门挡的边角，整齐地铺上去。用一个平整光滑的木块垫着，拿锤子轻轻地在整个平面上敲打一遍，作用就是加大两者之间的黏合度，并打上蚊钉，使他们更加牢固。

5）在门框的正面由里向外保留出 1cm 的位置，并做上标记，切好的木线条将按照此标记进行安装，这样的做法既提高了工人的施工效率，而且还会使整体门套更加美观。木线条的拼接方法有两种，如果是平板的木线条，一般都采用直角的拼接方式；如果是有花纹的木线条，则都采用 45° 斜角拼接的方式。

五、木窗帘盒制作

1）窗帘盒宽度应符合设计要求。当设计无要求时，窗帘盒宜伸出窗口两侧 200~300mm，窗帘盒中线应对准窗框中线，并使两端伸出窗口长度相同。窗帘盒下沿应与窗口上沿平齐或略低。

2）当采用木龙骨双包夹板工艺制作窗帘盒时，遮挡板外立面不得有明榫、露钉帽，底边应做封边处理。

3）窗帘盒底板可采用后置埋木楔或膨胀螺栓固定，遮挡板与顶棚交接处宜用角线收口。窗帘盒靠墙部分应与墙面紧贴。

4）窗帘轨道安装应平直。窗帘轨固定点必须在顶板的龙骨上，连接必须用木螺钉，严禁用圆钉固定。采用电动窗帘时，应按产品说明书进行安装调试。

六、木作柜子制作

　　柜子使用木芯板做层板、隔板，要注意木芯板条的方向，避免载重变形。柜内隔板插栓的两侧要对称，预留的间距也要够，避免层板置入不便或载重后剥落。衣柜、高柜等具有载重性的柜子在着钉、胶合以及锁合的时候，都要切实并加强，避免因变形缩短使用寿命。上下门板要整片式结合，纹路的方向要一致，且比例的切割都要对称，避免拼凑。轨道门板在设计时，要注意门板重量，以及上下固定动线，以免影响使用。

△ 贴墙制作的木作储物柜

△ 具有隔断功能的木作柜子

　　木作柜体施工的重点在于侧面结合方式和装饰面的问题。侧面结合梁柱或是其他柜子，安装时都要小心，避免刮伤，至于装饰面，有些需要，有些则不需要。

油漆工艺

一、木作清漆施工

木作清漆粉刷后，会在表面形成透明的保护膜，可能会带一点颜色，更多的是无色，涂刷完毕后能够实现木材的纹路和色彩，业主可以根据实际需求选择不同光泽度的家具。同时木作清漆还能阻止污物及水直接进入木材纤维中，减少木材水分散失。

清漆施工工艺的第一步是上着色油或调色油，该步骤并非是必不可缺的一项步骤，如果是没有变色要求的工程则不需要这道手续。第二步是在底漆的基础上涂刷清漆，待清漆干净之后清扫表面的灰尘，然后用砂纸将表面打磨干净，再刷一遍漆；第三步待漆干透之后用腻子将木器上的疤痕、钉眼等覆盖掉，然后再用砂纸打磨光滑，接着再刷一遍漆；第四步待清漆干透之后，进行打磨，再涂刷一层清漆；第五步用湿布将木器表面擦拭干净，然后用砂纸湿水打磨，再最后刷一遍清漆即可。

△ 清漆工艺墙面

◎ **木作清漆施工流程**

基层处理 ▸ 涂刷封底漆 ▸ 润色油粉 ▸ 满刮油腻子 ▸ 刷油色

刷第一遍涂料 ▸ 修补腻子 ▸ 拼色与修色 ▸ 刷第二遍清漆 ▸ 刷第三遍清漆

二、木作混油施工

混油工艺是指油漆工人在对木材进行必要的处理（例如修补钉眼，打砂纸，刮腻子）之后，再喷涂有颜色的不透明的油漆的工艺。混油主要表现的是油漆本身的色彩及木材的阴影变化的装饰效果，对于木质要求不高，夹板、软木、密度板等表面均可使用混油装饰。

混油施工之前，首先需要将表面打理干净，用腻子批平，然后用砂纸打磨光滑，待腻子干透之后即可开始刷第一遍漆，然后漆干透后继续用砂纸打磨，并修复有缺陷的地方，接着再刷第二遍漆，继续打磨，完成之后再刷最后一边漆即可。

△ 混油工艺墙面

◎ 木作混油施工流程

基层处理 ▶ 涂刷封底漆 ▶ 刮腻子 ▶ 磨光 ▶ 刷第一遍涂料

刮腻子 ▶ 打砂纸 ▶ 刷第二遍涂料 ▶ 打砂纸 ▶ 刷第三遍涂料

三、乳胶漆施工

刷漆前首先要对墙面进行打底的基础处理。如果墙面有凹凸的地方，要将其抹平；如果墙面上有污渍、灰层积压，应第一时间清理干净；如果墙上有一些早期留下的钉眼，就可以用腻子抹平。清洁完毕之后，需等墙面干燥后再进行施工。

其次按照一定的比例用清水兑乳胶漆，混合比例在 20%~30%；如果水太多，乳胶漆的黏稠性就会不好，无法成膜。用木棍将水和乳胶漆搅拌均匀之后，放置 20min 左右；这个做法是为了消除水中的气泡，如果不等消泡就刷墙，墙面上会出现小气泡。乳胶漆备好之后，可以将施工工具湿润一下。尤其是毛刷，让其羊毛保持合适软度。滚筒也可以事先湿润一下，这样比较好蘸漆。

如果选择自己刷乳胶漆，推荐采用一底两面的刷漆方式。先开始刷底漆，让其起到一个改善墙面表层属性以增强墙面吸附力的作用，之后再上漆，效果会更好。在施工时，如果觉得墙面还是不够细腻，仍然有一些小颗粒，可以用 600# 的水砂纸轻微地清理一下墙面。第一遍乳胶漆刷完之后，隔 2~4h 再刷一次，之后也是这样循环。不看时间的话，可以用手指去压一下，等到没有黏稠感，就可以再次上漆了。

△ 乳胶漆墙面

△ 乳胶漆施工

◎ 乳胶漆施工流程

基层处理 ＞ 满刮腻子两遍 ＞ 底层涂料 ＞ 中层涂料 2 遍 ＞ 乳胶漆面层喷涂 ＞ 清扫

四、硅藻泥施工

硅藻泥需要现场批嵌打磨好之后方可施工,施工前应先将墙面的灰尘、浆粒清理干净,用石膏将墙面磕碰处及坑洼缝隙等找平。对于硅钙板墙面,要先将硅钙板的接缝处进行嵌缝处理。在施工时,要先把硅藻泥的干粉加水进行搅拌,再先后两次在墙面上进行涂抹,加水搅拌后的硅藻泥最好当天使用完毕。待涂抹完成后,再用抹刀收光,最后用工具制作肌理图案。图案的制作时间一般较长,而且部分图案在完成后需再次收光,以确保图案纹路的质感。

硅藻泥施工纹样通常有如意、祥云、水波、拟丝、土伦、布艺、弹涂、陶艺等。

△ 硅藻泥墙面

△ 如意　　　△ 祥云

△ 水波　　　△ 拟丝

△ 土伦　　　△ 布艺

△ 弹涂　　　△ 陶艺

施工后硅藻泥需要一天的时间才会干燥,因此有充分的时间来进行不同的造型。具体的造型可向商家咨询,并购置相应的工具,用刮板和铲刀就能做出很多的造型。浆状的硅藻泥有黏性,适合做不同的造型,但是施工的难度较高,需要专业人员来进行。

铺装工艺

一、墙纸施工

1）一般来说，一卷墙纸的面积为5.3m²，但是进行粘贴时会有损耗，所以具体粘贴时，需根据墙面大小多备用一些。

2）最基本的粘贴工具有胶水、毛刷、挂板、海绵、毛巾、裁刀、尺子、绷带以及石膏粉等。先将墙面上的一些涂料、墙纸等多余的东西去掉，同时如果墙面有坑坑洼洼的地方要及时进行填补，如果墙纸上有一些布料、废丝等都要及时进行清除，填补和清理好后要进行打磨，让墙面更平整。

3）丈量墙面尺寸，根据墙面大小来裁剪墙纸，花墙纸的裁剪应该根据墙面高度加裁10cm左右，作为上下修边之用，裁剪完成后编一下号，防止粘贴时顺序出错。

4）先在墙上刷一层均匀的基膜，然后进行刮腻子、打磨处理，要确保墙面平整光滑。这个步按骤一般要持续两次，每次腻子晾干以后都要用砂纸磨一遍墙。

△ 墙纸铺贴的墙面

5）在墙面涂胶水的时候要注意宽度应大于墙纸宽度约30mm，而在墙纸背面刷胶水之后则应该对折放置5min左右，这样干得快一点。贴墙纸时要注意图案方向应该一致，不能有明显色差。

墙纸用量计算时，应首先量出贴墙纸房间的周长和墙纸铺贴的高度，其次计算用量。通常墙纸规格为每卷长10m、宽0.55m。计算时按每卷墙纸能覆盖多少周长，随后将每卷的覆盖周长除以总周长，就可得出最大需要卷数。计算门、窗所占面积时，按门窗面积的80%计算墙纸用量，折合成卷数。将最大需要卷数减去门窗用量数，就可得出实际需求量。这种计算方法适合于小花或无花墙纸的铺贴，对大花墙纸就要适当增加卷数了。

二、软包施工

软包的颜色和造型十分丰富，可以是跳跃的亮色，也可以是中性沉稳色，可以是方块铺设，也可是菱形铺设。在施工的时候要考虑好软包本身的厚度和墙面打底的厚度，还要考虑到相邻材质间的收口问题。收口材料可以根据不同的风格以及自身的喜好进行选择，常见的有石材、不锈钢、画框线、木饰面、挂镜线、木线条等。此外，在预埋管线的时候，要提前计算好软包的分隔以及分块情况，并且不要在软包的接缝处预留插座，最少也应保持80mm 左右的距离。否则在后期施工的时候，会出现插座无法安装或者插座装不正的现象。

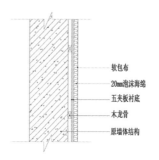

软包布
20mm泡沫海绵
五夹板衬底
木龙骨
原墙体结构

△ 软包施工剖面图

△ 软包墙面

软包施工时要先在墙面上用木工板或九厘板打好基础，等到硬装结束，墙纸贴好后再安装软包。一般软包的厚度在 3~5cm，软包的底板最好选择 9mm 以上的多层板，尽量不要用杉木集成板或密度板，因为杉木集成板或密度板稳定性差，受气候影响比较容易起拱。

三、木地板施工

类型	特点	适用种类	优缺点	铺装要点
打龙骨铺设法	以长木条为材料，按一定距离的铺设方式。抗弯强度足够，都可用此方法。龙骨的原料很多，使用广泛的是木龙骨，还有塑料龙骨、铝合金龙骨等	适于实木地板的铺装	用在地面钻孔，不会破坏结构	铺装时，在地面打眼，小木块作地面找平，美固钉固定木龙骨，后将地板固定在龙骨上，铺设完后，可双脚踩在龙骨上，检查龙骨是否牢固，是否存在地面不平等现象
悬浮式铺设法	地板不是固定在地面，通常是地面铺上地垫，地垫带有锁扣，卡槽的地板拼接成一体。目前常用的地垫材料是铺垫宝	强化木地板和实木复合地板两种	铺设简单，工期短，易维修保养；地板不易有起拱、变形、局部损坏等情况。但唯一的缺点就是易受潮	对地面的平整度、干燥度要求高，当客厅的地面高度低于厨卫地面高度时，可用地暖找平，既解决了导热性问题，又解决了落差问题。如果是旧房维修，在原有地面上，更适于此种方法铺设
直接粘贴铺法	地板粘接在地面，安装快捷，要求地面干燥、干净且平整。由于地面平整有限，用于长度30cm以下的软木地板	适于拼花和软木地板，此外，复合木地板也可使用	安装快捷且美观，但对施工要求高，且易产生起翘现象	直铺地面需水泥找平，不会影响房子的，但造价更高。若用软木地板，建议在原基础上做砂浆自流平
毛地板龙骨法	先铺好龙骨，上边铺毛地板，毛地板与龙骨固定，再将地板铺于毛地板上，加强了防潮能力，且脚感舒适、柔软	适于实木地板、强化复合地板、软木地板等	防潮性好，脚感舒适。但损耗多，成本也更高	毛地板铺在龙骨上，成斜角30°或45°。然后在毛地板上按悬浮式铺设法进行铺设

四、拼花木地板施工

在施工时，普通地板铺装时要从屋子的一端开始铺，而拼花地板在铺装时需先用地面两条对角线交叉来找出中心点，从中间开始向四周铺装。到了边缘处，用同色或相近色的板材来进行衬托和收边，使得居室整个地面凸显出一个完整的图案。

◎ 人字拼花

人字拼花是经典样式，因使地板曲折分布呈"人"字形而得名，有着很强的立体感优势。人字拼贴随着地板颜色的不同也会呈现出不同的效果，浅色木地板更加简单大方，而深色木地板更具复古感。

△ 人字拼花

◎ 鱼骨拼花

鱼骨拼跟人字拼最核心的区别是单元块的形状。菱形单元的称作鱼骨纹，而矩形单元的则称为人字纹。

△ 鱼骨拼花

◎ 对角拼花

对角拼花有放大空间的视觉效果，仅仅是方向的改变，就让它们在纵向空间里产生了不小的区别。这种拼花方法非常适合小户型或户型不规则的居室。

△ 对角拼花

◎ 方形拼花

正方形拼花对于空间适应能力很强，方块与方块紧密连接，一种严谨的美感在空间爆发。

△ 方形拼花

五、护墙板施工

护墙板一般可分为成品和现场制作两种，室内装饰使用的护墙板一般以成品居多，价格在 200 元 /m^2 以上，价格较低的护墙板建议不要使用，因为板材过薄容易变形，并且可能会有环境污染。成品护墙板是在无尘房做油漆的，在安装的时候可能会有表面漆面破损，后期再进行补救的话，可能会有色差。现场制作的护墙板虽然容易修补，但是在漆面质感上却很难做到和成品的一样。

如果是成品的护墙板，在厂方过来安装之前要在墙面上用木工板或九厘板做好造型基层，然后再把定制的护墙板安装上去，这样不仅能保证墙面的平整性，而且可以让室内空间的联系显得更为紧密。

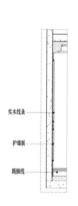

实木线条

护墙板

踢脚线

△ 护墙板施工剖面图

△ 护墙板铺装的墙面

如果在设计中出现护墙的造型，施工时要特别注意，一般在做完木工板基层处理后，要预留出踢脚线的高度，安装完护墙后再把踢脚线直接贴在上面，踢脚线要压住护墙，同时门套要选择带凹凸的厚线条，门套线要略高于护墙和踢脚线，这样的层次和收口更完美一些，这三者的关系要分清。

六、木饰面板施工

1）在施工之前，先对墙面进行弹线分格与基层处理等准备工作。按照设计图样尺寸在墙上划出水平高，按木龙骨的分档尺寸弹出分格。而基层处理方面，应对墙面进行找平，再做好墙面的防潮工序，并在安装时让墙面保持干燥。同时，所有木料做好防火工序。

2）根据背景墙实际情况，大整片或分片将木龙骨架钉装上墙。钉装完后调整偏差，要求龙骨整体与墙面找平，四角与地面找直。调整好后每一块垫木垫块必须与龙骨牢牢钉合。

3）采用木工板进行基层打底，一方面使得墙面的平整度更高，另一方面牢固度高且不易破损。

4）挑选色泽相近木纹一致的饰面板拼装一起，要求连接处不起毛边，使木纹对接自然协调。钉装时要求布钉均匀，注意对于钉头进行处理，要求饰面板整体光滑平整。

△ 木饰面板铺装的墙面

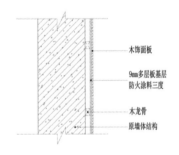

△ 木饰面板施工剖面图

木饰面板

9mm多层板基层
防火涂料三度

木龙骨

原墙体结构

◎ 木饰面板施工流程

基层处理 ▸ 弹线 ▸ 防潮层安装 ▸ 木龙骨安装 ▸ 基层板安装 ▸ 饰面板安装

一、木门安装

1）施工时第一步一定要先验收墙面。为了防止门套线不直，施工时要用 2m 靠尺验收所有相关墙面，保证木门的衔接墙面以及踢脚线衔接的墙面都是垂直的。安装门框时一定要将门框调整好垂直度，避免打上发泡剂时，因为发泡剂的干燥发胀作用而损坏门框。

2）预留门缝，门与地面的距离一般要 ≤ 6mm；竖门封在冬季应该 ≥ 3mm，夏季 ≥ 1mm；值得注意的是：卫浴间门最好与地面预留 9mm 缝隙，防潮又通风。

3）搬运实木门板时要尽量避免划伤或者碰伤门框和门扇。放置门框门扇时也必须保证平稳，且不能放在阳光直射处。

4）如果是转角墙或丁字墙处安装木门的话，在安装前需先在无门垛的那一侧做一面宽度大小不少于 50mm 的"假墙"。当然此处的假墙宽度可根据线条宽度来确定，避免两侧面展示出的门边线不对称。

5）拼接工具需要根据门框材料选择。若门框是 MDF 材料，那在拼门框时需用螺栓拼框；若门框是用多层板或实木板制作的，那在拼门框时则可使用铁钉固定。

6）因门框两侧可能有线路通电，所以在安装门框时，用电操作需规范进行。

△ 木门安装

二、洗手盆安装

1）在安装洗手盆时，洗手盆要离地 80cm 左右，一般是比较合适的高度。如果家里有特殊情况，也可根据具体情况灵活决定。比如：家中成员身高普遍偏高，那么就可以适当将洗手盆的高度调高。

2）如果安装两个洗手盆，台盆之间要留出足够的距离，使用时才不会有影响。

3）由于洗手盆台下盆的台面下支架交错，拆装复杂，若台面长度较小，则安装时很难保证安装质量。在下水器上缠绕生料带，可以略缠厚一点，生料带可以加强管螺纹密封性，防止漏水。

4）洗手盆台下盆对安装工艺要求较高，先要按台下盆的尺寸定做安装托架，再将台下盆安装在预定位置。

5）洗手盆台下盆安装完后，整体外观比较整洁，也容易打理，但要注意盆与台面的接合处是比较容易藏污纳垢的地方，防止霉变，下密封圈涂玻璃胶（下密封圈与陶瓷之间的密封性不是很好，需要玻璃胶来加强防渗水功能）。

△ 安装两个洗手盆之间要留出足够的距离

△ 安装洗手盆的高度应离地 80cm 左右

三、马桶安装

1）在马桶安装之前，需检查安装马桶的地面是否水平，如果不平，在安装马桶时需适当地调平。将多余的马桶下水管管道锯短，直到合适为止。这些都检查完毕后，就可开始马桶的安装工作。

2）在马桶的排污管和下水管道上做标记，并确认安装马桶的具体位置。用电钻打一个洞，并埋下膨胀螺栓，然后在马桶的排污口装密封圈，同时还要在排污管道上涂上水泥浆或胶水，确保污水不会渗透出来。

3）将标好的马桶排污管与下水排污管对准后，再安装马桶。在坐便器底部涂圈玻璃胶密封，保证管道相吻合。

4）接着就是安装马桶的配件。在安装配件前，需检查住宅的水阀开关是否正常、马桶水管长度是否够长等。

5）最后一步是对马桶进行调试，看看能否正常抽水。

△ 马桶安装

四、浴缸安装

1）检查浴缸水平、前后、左右位置是否合适，检查排水设施是否合适，要安装稳固，安装过程中对浴缸及下水设施采取防脏、防磕碰、防堵塞的措施，角磨机、点焊机的火花不要溅到浴缸上面，否则会对釉面造成损伤，影响浴缸美观。

2）按摩浴缸安装必须设置接地线和漏电保护开关，安装时注意将电插头接好后，在接垫板周围做好防水，避免发生漏电事故。连接水管前要做马达的通电试验，试听其声音是否符合要求。

3）带支架的浴缸安装前，应检查浴缸安放地面是否平整；将浴缸放到预留位置后，应借助水平尺并调整支撑脚螺母，直至浴缸水平。

4）注意浴缸保护，在浴缸安装和房屋装修过程中，可以用柔软的材料覆盖浴缸表面，勿在浴缸上站立施工，或在浴缸边缘放置重物，以防止损坏浴缸。浴缸安装24小时后，方能使用。

一般浴缸的放置形式有两种，搁置式与嵌入式，搁置式即把浴缸直接搁置在浴室地面上，嵌入式是将浴缸全部嵌入或部分嵌入到台面中。

搁置式浴缸安装较简单。其中进出水口的安装是重点问题。在安装之前就要先储备或修改好浴缸出水口和其他通道，然后把浴缸放置在两块木条上，连接上下水，尝试在浴缸里注水，检查下水是否渗漏。若无渗漏，则可把木条取出。浴缸基本安装完成。

嵌入式浴缸安装重点在于做好防水。正常的顺序是铺好地面，使用泡沫砖垫好嵌入式浴缸，高度一般在60cm以内，注意在下水管的位置备着250mmx300mm正常大小的检修孔。

△ 搁置式浴缸

△ 嵌入式浴缸

五、开关、插座安装

1）开关、插座的安装一般在木工、油漆工完工之后进行，而久置的底盒难免堆积大量灰尘。在安装时先对开关、插座底盒进行清洁，特别是将盒内的灰尘杂质清理干净，并用湿布将盒内残存灰尘擦除。这样做可预防特殊杂质影响电路使用的情况。

2）将盒内甩出的导线留出维修长度，然后削出线芯，注意不要碰伤线芯。将导线按顺时针方向盘绕在开关或插座对应的接线柱上，然后旋紧压头，要求线芯不得外露。

3）火线接入开关 2 个孔中的一个 A 标记，再从另一个孔中接出绝缘线接入下面的插座 3 个孔中的 L 孔内接牢。零线直接接入插座 3 个孔中的 N 孔内接牢。地线直接接入插座 3 个孔中的 E 孔内接牢。若零线与地线错接，使用电器时会出现跳闸现象。

4）先将盒子内甩出的导线由塑料台的出线孔中穿出，再把塑料台紧贴于墙面，用螺栓固定在盒子上。固定好后，将导线按各自的位置从开关插座的线孔中穿出，按接线要求将导线压牢。

5）最后将开关或插座贴于塑料台上，找正并用螺栓固定牢，盖上装饰板。

△ 开关、插座安装

六、灯具安装

1）室内安装壁灯、床头灯、台灯、落地灯、镜前灯等灯具时，高度低于 2.4m，灯具的金属外壳均应接地可靠，以保证使用安全。

2）卫浴间及厨房装矮脚灯头时，宜采用瓷螺口矮脚灯头。螺口灯头的接线、相线（开关线）应接在中心触点端子上，零线接在螺纹端子上。

3）台灯等带开关的灯头，为了安全，开头手柄不应有裸露的金属部分。

4）在顶面安装各类灯具时，应按灯具安装说明的要求进行安装。灯具重量小于 0.5kg 时，可采用软电线自身吊装，重量大于 0.5kg 应采用吊链，重量大于 3kg 时，应固定在螺栓或预埋吊钩上。

△ 如果灯具总重量大于 3kg，安装时需要预埋吊筋

◎ 灯具安装施工流程

 从安装方式上来说，吊灯分为线吊式、链吊式和管吊式三种。线吊式灯具比较轻巧，一般是利用灯头花线持重，灯具本身的材质较为轻巧，如玻璃、纸类、布艺以及塑料等是这类灯具中最常选用的材质；链吊式灯具采用金属链条吊挂于空间，这类照明灯饰通常有一定的重量，能够承受较多类型的照明灯饰的材质，如金属、玻璃、陶瓷等。管吊式与链吊式的悬挂很类似，是使用金属管或塑料管吊挂的照明灯饰。

△ 线吊式

△ 链吊式

△ 管吊式

5

监理验收

验收基本常识

一、装修验收工具

名称	功能
卷尺	测量房屋的长、宽、高等尺寸，业主在验房时可以自备卷尺来测量橱柜和门以及房高等尺寸，来判断是否符合合同规定，还有就是检查洁具等安装的预留空间是否合理
靠尺	又称垂直检测尺，在验收时使用的频率算是很高的，比如墙面和地面装修都要检查平整度与水平度以及墙面的垂直度等，这些检测都得靠尺来实现
塞尺	在验收时，检测瓷砖缝隙大小就得用塞尺。将塞尺头部插入待检测的缝隙中，再根据铺贴的标准来判断瓷砖铺贴得是否合格
对角检测尺	把对角检测尺放在门窗的对角线上，然后测量两条对角线的长度，再通过对比两条对角线的长度来判断门窗是否方正
方尺	将方尺紧靠在待测量的角内，检查方尺两边是否能与墙角或窗户的两条边紧贴，以此来判断所测角是否为直角
检验锤	检验锤是一种可以伸缩的小金属锤，用它来敲打墙面和地面听声音判断空鼓
磁石笔	钢衬用来保持门窗的形状不走形。磁石可以检测出塑钢门窗内是否有钢衬。测试时用磁石笔靠近门窗边角，若是能吸住不掉说明内有钢衬
试电插座	试电插座上有三个指示灯，插在电源上时若右边的两个指示灯同时亮，表示电路正常，三个灯全不亮说明电路中没有火线，中间的指示灯单独亮表示电路中没有地线，右面的指示灯单独亮则说明电路中没有零线

二、装修材料验收

验收的第一步是对材料进行验收。由于施工现场空间有限,材料会分多次进行验收。一般来说,施工前需验收的材料有水管、电线、木板、腻子、水泥、沙子等,随着工程推进后期会陆续验收瓷砖、油漆、涂料等。

正规装饰公司与客户签订合同时会同时签订一份材料说明单,详细表明所需材料的品牌、规格和质量等级,双方应根据材料说明单来验收材料。由于材料单一般对材料数量没有说明,因此业主应在验收单中写明验收材料的数量。

三、隐蔽工程验收

隐蔽工程进行或完成时,要进行一次中期重点验收,这对保证家庭装修的整体质量尤为重要,其验收是否合格将会影响后期多个家装项目的进行。一般家装进行 15 天左右就可进行中期验收,可分两次进行,第一次验收涉及吊顶、水电路、木制品等项目,第二次验收则是专门对家装中使用防水的房间进行检验。如果发现问题或希望进行一些局部变更,最好在此阶段提出。

第一次验收 ➤ 吊顶、水电路、木制品等项目

第二次验收 ➤ 专门对家装中使用防水的房间进行检验

四、装修中期验收

装修中期验收可分为第一次验收与第二次验收。中期工程是装修中最复杂的环节，中期验收是否合格将会影响后期多个装修项目的进行。

验收项目	验收内容
吊顶	◎ 检查吊顶的木龙骨是否涂刷了防火材料 ◎ 检查吊杆的间距，吊杆间距不能过大，否则会影响其承受力，间距一般以 600 ～ 900mm 为宜 ◎ 检查吊杆的牢固性，看其是否晃动，垂直方向上的吊杆必须使用膨胀螺栓固定，横向的吊杆可以使用塑料螺栓固定；最后还应使用拉线的方法检查龙骨的平整度
水路改造	◎ 打压试验，压力不能小于 6kg，打压时间不能少于 15min ◎ 检查压力表是否显示有泄压的情况，如果发现存在泄压的问题，要检查阀门是否关闭
电路改造	◎ 注意检查使用的电线是否为预算单中确定的品牌、电线是否达标 ◎ 检查插座的封闭情况，如果对原来的插座进行了移位，移位处要进行防潮、防水处理，并使用三层以上的防水胶布进行封闭
木制品	◎ 检查木制品的外形是否符合设计要求、尺寸是否精确 ◎ 检查木门的开启方向是否合理，木门上方和左右的门缝是否过宽，门套的接缝是否严密
墙砖、地砖	◎ 可以使用小锤子敲打墙砖、地砖的边角，检查其是否存在空鼓现象 ◎ 检查品牌是否与合同约定的一样，是否为同一批次以及是否在同一时间铺贴 ◎ 检查墙砖、地砖砖缝的美观度。一般情况下，无缝砖的砖缝应该在 1.5mm 左右，边缘有弧度的砖缝以 3mm 为宜 ◎ 检查墙砖、地砖是否有缺棱、掉角的问题
墙面、地面	◎ 检查其腻子的平整度，可以用靠尺进行检验，误差在 2~3mm 以内为合格 ◎ 注意阴阳角是否方正、顺直
防水	◎ 进行闭水试验，24h 后询问楼下邻居是否有渗漏现象 ◎ 检验卫浴间墙面的防水，可以先检查墙面的刷漆是否均匀一致，有无漏刷现象，尤其要检查阴阳角是否有漏刷

五、装修后期验收

后期验收相对中期验收来说比较简单，主要是对中期项目的收尾部分进行检验。如木制品、墙面、顶面，业主可对其表面油漆效果、涂料的光滑度，是否有流坠现象以及颜色是否一致进行检验。

电路主要查看插座的接线是否正确，卫浴的插座应设有防水盖。业主需要检查有地漏的房间是否存在"倒坡"现象，检验方法非常简单：打开水龙头或者花洒，一定时间后看地面流水是否通畅，有无局部积水现象。除此之外，还应对地漏的通畅，坐便器和洗手盆的下水进行检验。

验收地板时，应查看地板的颜色是否一致，是否有起翘、响声等情况。验收塑钢窗时，可以检查塑钢窗的边缘是否留有1~2cm的缝隙填充发泡胶。此外还应检查塑钢窗的牢固性，一般情况下，每60~90cm应该打一颗螺栓进行固定，如果塑钢窗的固定螺栓太少将影响塑钢窗的使用。

在进行尾期验收时，业主还应该注意一些细节问题，例如厨房、卫浴间的管道是否留有检查备用口，水表、燃气表的位置是否便于读数等。

六、竣工验收

竣工验收是家装工程验收的最后一道关，要验收所有合同中约定或未约定的细节，发现问题及时提出，要尽可能地做到细致入微。

验收项目	验收内容
门窗验收	◎ 应注意门窗开启是否正常 ◎ 门窗是否与墙面黏合紧密 ◎ 缝隙是否适度，一般以0.5cm为佳
瓦工验收	◎ 应注意地面是否有倾斜现象 ◎ 砖面缝隙是否规整一致 ◎ 卫浴间、阳台等有地漏的地面是否有足够的排水倾斜度 ◎ 砖面是否有破碎、崩角现象
油漆验收	◎ 可用手触摸墙面，感觉漆面是否光滑、柔和、平整、干净没有颗粒 ◎ 观察墙面应没有空鼓、起泡、开裂，没有脏迹存在
木工验收	◎ 看构造是否直平，转角是否准确 ◎ 拼花是否严密，弧度与圆度是否顺畅圆滑 ◎ 柜体柜门开关是否正常 ◎ 吊顶角线接驳处有无明显不对纹和变形 ◎ 地脚线是否安装平直 ◎ 柜门把手锁具安装位置是否正确、开启是否正常
杂项验收	应按照合同项目的规定，逐条审核工程项目是否全部完成： ◎ 检查灯具能否全部正常照明 ◎ 工程垃圾是否已经全部清除 ◎ 洁具及其他安装品是否安装准确 ◎ 马桶包括储水及冲水、洗手盆排水是否正常

装修工程验收

一、水路施工质量验收

对水路改造的检验主要是进行打压试验。打压时压力不能小于 6kg，打压时间不能少于 15min，然后检查压力表是否有泄压的情况，如果出现泄压则要检查阀门是否关闭，如果出现管道漏水问题要立即通知工长，将管道漏水情况处理后才能进行下一步施工。

验收标准	解决方法	验收通过
管道工程施工符合工艺要求外，还应符合国家有关标准规范		
给水管道与附件、器具连接紧密，经通水试验无渗水		
排水管道应畅通、无倒坡、无堵塞、无渗漏，地漏箅子应略低于地面		
卫生器具安装位置正确，器具上沿要水平端正牢固，外表面光洁无损伤		
管材外观质量：管壁颜色一致，无色泽不均及分解变色线，内外壁应光滑，平整无气泡、裂口、裂纹、脱皮、痕纹及碰撞凹陷。公称外经不大于 32mm 盘管卷材调直后截断面应无明显椭圆变形		
检验管压力，管壁应无膨胀、无裂纹、无泄漏		
明管、主管管外皮与墙面距离一般为 2.5~3.5cm		
冷热水管间距，一般不小于 150~200mm		
卫生器具采用下供水，甩口离地面一般为 350~450mm		
洗脸盆、台面距地面一般为 800mm，淋浴器距离地面 1800~2000mm		
阀门注意沿水流方向低进高出		

二、电路施工质量验收

  检验电路改造时要检查插座的封闭情况，如果对原来的插座进行了移位，移位处要进行防潮防水处理，应用三层以上的防水胶布进行封闭。同时还要检验吊顶里的电路接头是否也用防水胶布进行了处理。

验收标准	解决方法	验收通过
有详细的电路布置图，标明导线规格及线路走向		
所有房间的灯具使用正常		
所有房间的电源及空间插座使用正常		
所有房间的电话、音响、电视、网络使用正常		
灯具及其支架的安装牢固、端正、位置正确，有木台的安装在木台中心		
导线与灯具连接牢固、紧密、不伤灯芯，压板连接时，无松动、水平无斜；螺栓连接时，在同一端子上的导线不超过两根，防松垫圈等配件齐全		

三、隔墙施工质量验收

验收标准	解决方法	验收通过
骨架隔墙所用龙骨、配件、墙面板、填充材料及嵌缝材料的品种、规格、性能和木材的含水率应符合设计要求；有隔声、隔热、阻燃、防潮等特殊要求的工程，材料应有相应性能等级的检测报告		
骨架隔墙工程边框龙骨必须与基体结构连接牢固，并应平整、垂直、位置正确		
骨架隔墙中龙骨间距和构造连接方法应符合设计要求；骨架内设备管线的安装、门窗洞口等部位加强龙骨应安装牢固、位置正确，填充材料的设置应符合设计要求		
木龙骨及木墙面板的防火和防腐处理必须符合设计要求		
墙面板应安装牢固，无脱层、翘曲、折裂及缺损		
面板所用接缝材料的接缝方法应符合设计要求		
骨架隔墙表面应平整光滑、色泽一致、洁净、无裂缝，接缝应均匀、顺直		
骨架隔墙上的孔洞、槽、盒应位置正确、套割吻合、边缘整齐		
骨架隔墙内的填充材料应干燥，填充应密实、均匀、无下坠		

四、墙砖施工质量验收

验收标准	解决方法	验收通过
检查墙砖表面平整度，可以用专用的水平尺进行测量，在墙体两侧不同位置进行测量，看是否有偏差，一般误差允许范围是 2mm 以内		
检查同一侧墙面上上下不同位置的墙面墙砖铺贴是否平整，如果误差大于 2mm，则说明墙砖铺贴的平整度不够。检查相邻两块墙砖之间接缝处的平整度，需要用专业的测量尺进行测量，对其中一块墙砖与四周相邻墙砖之间的接缝进行测量，通常两块墙砖间的接缝误差允许范围在 0.5mm 之内		
注意检查墙砖的表面是否干净整洁，不能有色差，如果有拼图，要注意组合在一起的图案是否合理		

五、乳胶漆施工质量验收

验收标准	解决方法	验收通过
墙面要平整，阴阳角平直，棱角部位无缺损		
墙面无刷纹、流坠		
手感平整、光滑、无挡手感、无明显颗粒感		
墙面无掉粉、起皮、裂缝现象		
墙面无透底、反碱、咬色现象，色泽均匀一致		
不得污染门、窗、灯具、墙裙、木线条等		

六、油漆施工质量验收

验收标准	解决方法	验收通过
油漆工程使用的腻子，应根据油漆品种、性能要求配制，应与基体结合坚实牢固，不得起皮、粉化及裂纹		
无刷纹、流坠		
手感平整、光滑、无挡手感、无明显颗粒感		
无掉粉、起皮、裂缝现象		
无透底、反碱、咬色现象，色泽均匀一致		
不得污染门、窗、灯具、墙裙、木线条等		

七、大理石施工质量验收

验收标准	解决方法	验收通过
大理石品种、规格、图案、颜色和性能应符合设计要求		
安装工程的预埋件、连接件的数量、规格、位置、连接方法和防腐处理必须符合设计要求		
大理石表面应平整、洁净、色泽一致，无裂痕和缺损		
大理石的嵌缝应密实、平直，宽度和深度应符合设计要求，嵌填材料色泽应一致		
大理石孔、槽数量、位置及尺寸应符合要求		

八、软包施工质量验收

验收标准	解决方法	验收通过
软包面料、内衬材料及边框的材质、图案、颜色、燃烧性能等级和木材的含水率必须符合要求		
软包工程的安装位置及构造做法应符合设计要求		
软包工程的龙骨、衬板、边框应安装牢固、无翘曲，拼缝应平直		
单块软包面料不应有接缝，四周应绷压严密		
软包工程表面应平整、洁净，无凹凸不平及褶皱；图案应清晰、无色差，整体应协调美观		
软包边框应平整、顺直、接缝吻合，其表面涂饰质量应符合涂饰工程的有关规定		
清漆涂饰木制边框的颜色、木纹应协调一致		

九、墙纸施工质量验收

验收标准	解决方法	验收通过
墙纸粘结剂的材料质量、品种、颜色、图案应符合设计要求		
墙纸粘贴牢固、平整，无波纹起伏		
墙纸无气泡、空鼓、裂缝、翘边、皱折或斑污，斜视时无胶痕		
墙纸与挂镜线、踢脚板等紧接，不得有缝隙		
墙纸拼接横平竖直，拼接处花纹图案吻合，表面色泽一致		
墙纸不离缝，不搭线，拼缝不明显，距墙1.5m远处视墙纸，不应有明显接缝		

十、地砖施工质量验收

验收标准	解决方法	验收通过
地面表面洁净，纹路一致，无划痕、无色差、无裂纹、无污染、无缺棱掉角等		
地砖边与墙交接处缝隙合适，踢脚线能完全将缝隙盖住		
地砖平整度误差不得超过2mm，相邻砖高差不得超过1mm		
地砖铺贴必须牢固，空鼓控制在总数的5%，单片空鼓面积不超过10%		
地砖缝宽不得超过2mm，勾缝均匀、顺直		

十一、木地板铺装质量验收

验收标准	解决方法	验收通过
检验地板表面光滑，漆面无损伤、无明显划痕		
验收时在地板上来回走动，脚步需加重，特别是靠墙部位和门洞部位。如果发现有声响的部位，要重复走动，确定声响的具体位置，做好标记		
使用 2m 的靠尺和塞尺验收地板表面平整度，标准是每 2m 内误差值在 0.3mm 内		
检查两块地板之间的拼缝间隙，标准为不大于 0.8mm，检查地板扣条之间的缝隙是否均匀，扣条是否牢固		

十二、开关、插座安装质量验收

验收标准	解决方法	验收通过
检查开关、插座的安装位置是否正确，暗盒是否完整平稳		
开关插座底板并列安装时要求高度相等，允许的最大高度差不超过 0.5mm，对于房屋内所有的开关，如无特殊要求应该高度相等，高度差不超过 5mm		
可切断电源打开面盖，检查盒内导线接线是否符合要求，不伤线芯，盒身要求绝缘处理良好		
检查插座的接线是否正确		
对开关进行试开，对于一些尚未安装灯具的开关线路，待灯具装好后一同验收		
将专用验电器插入插座口，然后重复拨动开关，检查各插座的通电情况。如果指示灯全黑，则说明此插座通电有问题，需要修检		

十三、浴缸安装质量验收

验收标准	解决方法	验收通过
在安装裙板浴缸时，其裙板底部应贴紧地面，楼板在排水处应预留 250~300mm 的孔洞，便于排水安装，在浴缸排水端墙体设置检修孔		
安装浴缸时不能损坏镀铬层，镀铬罩与墙面应紧贴		
浴缸侧边与墙面结合处应用密封膏填嵌密实		
浴缸排水与排水管连接应牢固密实，且便于拆卸，连接处不得敞口		
如浴缸侧边砌裙墙，应在浴缸排水处设置检修孔或在排水端墙上开设检修孔		
各种浴缸冷、热水龙头或混合水龙头的高度应高出浴缸上平面 150mm		
浴缸安装上平面必须用水平尺校验平整，不得侧斜		

十四、坐便器安装质量验收

验收标准	解决方法	验收通过
给水管安装角阀高度一般为地面至角阀中心250mm，如安装连体坐便器应根据坐便器进水口离地面高度而定，但不小于100mm，给水管角阀中心一般在污水管中心左侧150mm或根据坐便器实际尺寸定位		
带水箱及连体坐便器水箱后背部离墙应小于20mm		
坐便器的安装应用不小于6mm的镀锌膨胀螺栓固定，坐便器与螺母间应用软性垫片固定，污水管应露出地面10mm		
冲水箱内溢水管高度应低于扳手孔30~40mm		
安装时不得破坏防水层，已经破坏或没有防水层的，先要做好防水，并进行24h积水渗漏试验		

十五、洗手盆安装质量验收

验收标准	解决方法	验收通过
洗手盆应平整无裂损		
排水栓应有直径不小于8mm的溢流孔		
排水栓与洗手盆连接时，排水栓溢流孔应该准确对准洗手盆溢流孔以保证排水畅通，连接后排水栓上端面应低于洗手盆底		
洗手盆与墙面相连的地方应用硅膏嵌缝，若洗手盆排水存水弯和水龙头是镀铬产品，安装时要小心不能损坏镀层		
洗手盆与排水管的连接应牢固密实，且便于拆卸，连接处不得敞口		

十六、橱柜安装质量质量验收

验收标准	解决方法	验收通过
检查橱柜门板与所选择的色号是否一致，材质是否相同，表面有无损伤，门板整体颜色需一致		
门板的表面必须平整，检测方法是反复开关柜门，然后用水平尺量度是否平整		
门板安装应相互对应，高低一致，所有中缝宽度应一致		
台面石材应光洁、无裂纹、收口圆滑，表面没有孔隙		
水盆和灶台开口尺寸合理，水龙头安装牢固，下水管无漏水		
拉手安装是否牢固，其安装的质量决定其耐用程度		
橱柜的封边必须要光滑，封线平直光滑，接头精细		